花木深圳系列

玉香于兰

主编 王定跃 执行主编 王美娜 陈建兵

深圳出版社

图书在版编目（CIP）数据

王香于兰 / 王定跃主编；王美娜，陈建兵执行主编
. —— 深圳：深圳出版社，2023.11
　（花木深圳系列）
　ISBN 978-7-5507-3759-4

　Ⅰ.①王… Ⅱ.①王…②王…③陈… Ⅲ.①兰科—
花卉—普及读物 Ⅳ.①S682.31-49

中国国家版本馆CIP数据核字(2023)第027521号

王 香 于 兰
WANG XIANG YU LAN

出 品 人　聂雄前
责任编辑　简　洁
责任校对　万妮霞
责任技编　郑　欢
装帧设计　见　白

出版发行　深圳出版社
地　　址　深圳市彩田南路海天综合大厦（518033）
网　　址　www.htph.com.cn
订购电话　0755-83460239（邮购、团购）
设计制作　深圳市龙瀚文化传播有限公司
印　　刷　中华商务联合印刷（广东）有限公司
开　　本　889mm×1194mm　1/16
印　　张　17
字　　数　280千
版　　次　2023年11月第1版
印　　次　2023年11月第1次
定　　价　228.00元

花木深圳系列

华夏早探春

鹏城花木威

中国科学院植物研究所研究员
中国科学院院士　王文采

Contents 目录

序一

记得著名文化学者赵园曾经写过一本书，叫《北京：城与人》，书中讲到有许许多多优秀的外地年轻人，选择生活在北京这座城市，身为北漂一族的他们把北京当作自己的精神故乡，北京的精神魅力显而易见。

同样，深圳大约95%的人是外地人，而这些外地人也将深圳当作自己的家，而且爱它胜过爱自己的故乡。甚至出现一些人，被称作"深圳主义者"。他们热爱深圳，从心底里去维护它，当别人说深圳不好的时候，他们真的会不高兴，这一点也证明了深圳这座城市的魅力。

记得有次一群过了50岁的人聚在一起，在聊到责任与担当时，大家都觉得应该为深圳这座城市多做点儿事。在知天命的年龄，这么一群人把为深圳多做点儿事当成是自己的责任，为什么呢？因为大家都把深圳当成了自己的家。年轻的时候，家给了我们无限的馈赠；而今天，我们自然地感到要为家多做点儿事，为家做一份贡献，给家一份报答。虽然没有组织上的安排与要求，但很多人都将其认定为自己内心的一份责任。孔子说过"五十而知天命"，而深圳就这样变成了我们这批人的天命。

这其中就包括"花木深圳系列"丛书的主编王定跃先生，他把为深圳多做点儿事当成自己的天命。王定跃先生为深圳的公园建设与管理立下汗马功劳，在同行之中也留下很好的清誉。而立功立德，最后还要立言，立言同样是给这座城市留下一份见证。让我深受感动的是，开始编本系列丛书时，有这么一批人在深圳经济特区40岁生日的2020年，研究探讨并将陆续推出这套书，通过一花一木为这座城市留下最好的注脚。也许，更多人的天命里就有了深圳，有了深圳深长的回音。

我们爱一座城市，爱一个地方，有很多方式，而爱这个地方的地理最为直接。地理是我们生活的物质空间、自然空间的一部分，爱一个地方，说到底就是爱它的一山一水，一花一木。"花木深圳系列"让我们以花木的方式来接触深圳，让我们对深圳的爱通过每一朵花、每一棵树来展现，我觉得这个角度特别好。其实，爱城市的花木就是爱这座城市的肌肤，爱这座城市的生命，爱这座城市的面容。

"花木深圳系列"不仅笼而统之谈深圳花木，更是从荷花、杜鹃等特色花木一一谈起，细细地梳理深圳的一花一木。"水陆草木之花，可爱者甚蕃"，在深圳有许多值得喜爱的草木之花，像月季、箣杜鹃、凤凰花等，可以说是王定跃先生以及像他一样的深圳人的最爱。梳理的过程，也是在用心去书写它，用心去爱护它，用心去流传它。

我常常想，深圳人爱深圳最直接的是从地理爱起。当然也可以爱深圳的历史，比如许多人为深圳的老宅子辩护，希望它们得以好好地保存。甚至有考古工作者把深圳的历史推到了数千年前，这都是很好的爱深圳的方式。但是，对我们这些来深圳的外地人来说，对深圳地理的热爱可能多于对深圳历史的热爱。

深圳有很多的历史事件，但是影响整个中华民族的大事、美文、人物并不特别突出。当然，百年以来特别是改革开放以来，深圳深刻地影响了中国的历史。但再往前，与内地特别是与一些文化底蕴厚重的地区相比，深圳确实还算不上有太高的地位。在我的老家安徽，几乎每一座县城历史上都留下过一篇美文，或一处著名的文物。例如，和县有刘禹锡留下的《陋室铭》，而隔壁的含山县有王安石写下的《游褒禅山记》，都属于编入中学课本的美文。这些文字滋润了我们成长的岁月，永远在我们的生命中刻下印痕。

而在深圳，对地理的热爱就是对家园的热爱。实际上，我认为地理深圳、花木深圳，更让我们心动，更让我们心矜，也更让我们的灵魂为之颤抖。

我们希望有越来越多的深圳人把深圳当成自己的家，维护每一片可爱的深圳蓝，爱护每一朵花、每一棵树，让它们在我们的城市中竞相绽放、生长，让它们永远与我们的生活、与我们的灵魂相伴。

（博士）

深圳市政协文化文史委主任

2023 年 12 月 15 日

序二

　　"一九七九年那是一个春天，有一位老人在中国的南海边画了一个圈……"这首耳熟能详的歌曲时常萦绕在耳边。回望历史，1978年12月，中国共产党第十一届三中全会的召开是中华人民共和国成立以来的历史性伟大转折，开启了改革开放和社会主义现代化建设的伟大征程。1980年，深圳成为我国最早的经济特区之一，作为中国改革开放的窗口，从此开启了腾飞的征程。深圳用40年时间书写了由一个边陲小镇崛起为一座现代化城市的奇迹，跃居国内一线城市行列，同时也荣获了"国家园林城市""国家环境保护模范城市""中国优秀旅游城市""国际花园城市""国家森林城市"与"全国文明城市"等一系列殊荣。在中国，只要提起这座城市，仿佛那些激动人心的历史瞬间就在眼前交织着；只要提起这座城市，仿佛就能触摸到一个时代的脉搏。

　　每当晴天朗日，立于莲花山山顶广场上，远眺四野：草木葱茏，鲜花盛开，座座高楼点缀其中；湖水微澜，鸟儿轻轻一掠，敏捷地衔起一条小鱼，水面荡开层层涟漪……恍惚间，你仿佛置身于森林公园，殊不知周边已是特区中央商务区了。

　　碧海蓝天、青山绿水与花香鸟语的宜居宜业环境成为深圳吸引大批海内外人才与高端产业争相落户的强大竞争力，为这座创新之城增添了新的底色。常听人说："我选择来深圳，就是因为这里的气候和绿化！"

　　从打造"公园之城"到建成"千园之城"，从创建"国家园林城市"到成为"国家生态园林城市"示范市，从创建"国家森林城市"到打造"世界著名花城"，深圳人一路前行，风雨兼程，深圳林业与园林事业发展取得了巨大成就。40年弹指间，园艺花展一个接着一个。东湖公园自1984年11月举办第一届菊花展起，至今已经36届了；洪湖公园的荷花展、人民公园的月季展、莲花山公园的簕杜鹃花展也分别举办了30届、22届、21届。市区专类花园不断涌现，如仙湖植物园的阴生植物区、兰花园，园博园的茶花园等，而人民公园的月季园在2009年6月加拿大温哥华举办的第15届世界月季大会上，荣获"世界优秀月季园"称号。城市风景林的建设步伐从未停歇，近年来原生态的山林花海逐渐崭露头角，梧桐山风景区的毛棉杜鹃花海已经成为深圳一张闪亮的生态名片。40 年，深圳林业和园林事业已经跨越式发展，走过的历程值得回味，留下的历史足迹值得记录！

2016 年初，海天出版社副总编辑于志斌先生特意邀约，希望我能牵头编撰一套园林文化系列丛书。于是，我与业界同人商讨，决定选取深圳最有代表性的市花（簕杜鹃）、市树（荔枝和红树）、重要观赏花木（如凤凰木、菊花、杜鹃花、荷花等），以及花城建设等方面的内容为素材编写专著，既各自独立成册，又形成"花木深圳系列"丛书，以充分展示深圳四季花城与森林之城的卓越风采。

2016 年 8 月 26 日，在梧桐山风景区召开了丛书编撰负责人首次会议。适逢深圳经济特区 36 岁生日，深圳出版集团有限公司党委书记、董事长尹昌龙博士专门发来贺词："草木之美，山川之秀，皆可成为这座城市的注脚。今天是深圳特区的生日，诸位同人以最好的方式做了祝贺。谢谢并期待。"自此，"花木深圳系列"丛书编撰工作正式拉开帷幕，经过几年的努力，《荷美深圳》《鹃映鹏城》《凤凰于飞》《菊花依然》《四季花城》《玉香于兰》等系列专著将于 3 年内陆续出版发行。

俗话说，滴水见太阳，希望"花木深圳系列"丛书能以林业和园林人的独特视角反映深圳经济特区 40 年的沧海桑田。

本书在编撰过程中，得到了深圳市、区林业与园林部门、企业及同人的大力支持和帮助，尤其是深圳市规划和自然资源局（市林业局）、深圳市公园管理中心、龙华区城市管理和综合执法局、光明区城市管理和综合执法局等，在此一并感谢。衷心感谢深圳市北林苑景观及建筑规划设计院有限公司庄荣总工、蒋华平总规划师悉心为丛书题词献句，非常感谢于志斌先生的邀约，特别感谢 94 岁高龄的中国科学院植物研究所王文采院士欣然为丛书挥毫题词。

王定跃（博士）

深圳市梧桐山风景区管理处主任、二级研究员

2020 年 6 月 17 日

前言

全世界的野生兰科植物约 880 属 3 万余种，是被子植物中的第二大类群，因其具有重要的美学、科学、文化、养疗、药用等价值，兰花自然资源在漫漫历史长河中遭受了严重的掠夺，以至于当前全部兰科植物均处于不同程度的濒危状态。1973 年，全部野生兰花均被列入《濒危野生动植物种国际贸易公约》（CITES）保护附录，被严格限制采挖和国际贸易，成为植物保护中的"旗舰"类群。2021 年 9 月 7 日，经国务院批准，国家林业和草原局、农业农村部公布了新修订的《国家重点保护野生植物名录》，列入该名录重点保护的植物超过 1100 种，其中兰科植物约 350 种，占总数的近三分之一，由此可见我国对兰科植物保护的重视程度。经笔者对最新数据的统计，在我国境内发现并已发表的兰科植物种类约有 200 属 1900 余种，物种多样性丰富，地区特有种多。

"夫兰当为王者香"，孔子如是赞兰。在我国悠远流长的文化历史中，"兰"是别具特色的一页。"芝兰生于深林，不以无人而不芳；君子修道立德，不为穷困而改节""幽兰生前庭，含熏待清风。清风脱然至，见别萧艾中""幽人饥如何，采兰充喉粮。幽人渴如何，酝兰为酒浆""春雨春风洗妙颜，一辞琼岛到人间。而今究竟无知己，打破乌盆更入山"，千百年来，以兰言志、以兰正气、以兰雅行、以兰怡情的文人志士比比皆是，兰以独特的气质风貌深入人心，被誉为"四君子"之一。

《王香于兰》系"花木深圳系列"丛书之一，是由全国兰科植物种质资源保护中心建设单位——深圳市兰科植物保护研究中心（简称"兰科中心"）的部分科技工作者，在兰花保育研究的基础上，参考前人资料编写的集实用性、科学性与科普性于一体的普及性读物。本书主要介绍了兰花的文化典故、自然特征与科学分类、栽培养护技术知识、应用价值，以及兰花在深圳的概况等。

本书编著团队数年来不辞劳苦，梳理总结大量文献资料，实地调查深圳野外、公园、市场等地兰花现状，形成了本书的第一手资料。本书得以出版，首先要感谢本丛书主编王定跃博士（深圳市梧桐山风景管理处主任、二级研究员）的热忱邀请，以及深圳出版社编辑人员的悉心指导！其次要感谢兰科中心科研团队多年来在经验积累过程中持之以恒的辛勤付出！

　　期望本书的出版，能够为人们更全面地认识兰花、共同珍惜和保护好野生兰花，依法合规、科学有序地利用好兰花资源有所助益。限于能力和水平，书中难免有不当之处，敬请广大读者批评指正。

深圳市兰科植物保护研究中心高级工程师

2020 年 12 月

"气如兰兮长不改，心若兰兮终不移"，在我国传统文化中，兰花是一种有着强烈美学和精神价值的植物。它们是谦谦君子，有着淡雅高洁、自强不息、坚贞不渝的精神品格，还象征着一切美好的事物：诗文之美誉为"兰章"，友谊之真誉为"兰交"，良友誉为"兰客"，女子之美誉为"蕙质兰心"……这里的兰花主要是我们通常所说的国兰。兰花在我国传统文化中具有非常特殊的地位，人们将它作为寄情寓志的载体，象征君子品格，赋予了诸多精神内涵。在西方，古人认为兰花蕴藏着人类的繁殖秘密。17世纪后，西方兰文化意识发生分化：一种意识认为兰花具有"高雅精致，充满艺术美感"的独特魅力，"白皙雅致，像是林中仙子"，具有远离人类世界的未被破坏的天然之美；另一种意识则认为兰花"充满异域风情，危险、放浪、执拗"，与人类的欲望和阴谋紧密联系。以中国兰文化为代表的东方兰文化与西方兰文化形成了显著的差异，兰史在东、西方各自经历了不同的发展道路后，也迎来了现代的大交融。

第一章

溯源兰史 文化流长

第一节
上古先秦　兰影绰绰

　　中国兰文化是华夏文化的重要组成部分，中国兰文化传承的自强不息、坚贞不渝的精神品格深深影响了每一个炎黄子孙。据考古研究发现，早在距今5000—7000年前的新石器时代就发现了有关兰花的印记，河姆渡文化遗址出土的陶器中有一件器皿上雕刻了疑似虾脊兰属（*Calanthe sp.*）植物盆栽的图案，表明兰花在那时便已融入人们的生活当中，是中国兰文化起源于新石器时代的有力佐证。

　　人类认识兰花之始亦即兰文化的起始，我国古人在劳动和生活中认识兰花的故事，散见于多部史料文献。西晋张华著《博物志》记载："舜帝南巡，在兰台亲手栽兰。"东晋王嘉编写的《拾遗记》记载："上古时须弥山第九层有仙人养兰。"南宋罗泌撰杂史《路史》有载："尧帝之世有金道华养兰。"这些关于兰在上古时期的记载虽然有传说和神话的色彩，但同时也证明了我国兰文化与我国文化是同时起源的，也因此兰数千年来一直被视为仙草，非一般的凡花俗草可比。

　　据研究[1]，与兰有关的文字记载最早出现在《韩诗章句》里，此书收录的是孔子时代之前郑国风情的诗集，现已失传。唐代徐坚等的《初学记》中引用《韩诗章句》载"郑国之俗，三月上巳，于溱洧两水之上，招魂续魄，秉蘭拂除不祥"。《诗经·国风·郑风·溱洧》中有"溱与洧，方涣涣兮。士与女，方秉蕳兮"。三国时吴人陆玑所著《毛诗草木鸟兽虫鱼疏》对诗经中的动物和植物进行了专门的注

---

[1] 陈心启, 吉占和. 兰花文化和历史[J]. 森林与人类, 2004(05):58-60.

释和描述，其中有言"蔄，即蘭，香草也。其茎叶似药草泽兰，但广而长节，节中赤，高四五尺"，通过其形态描述可判断所注之兰并非真正的兰花。陆玑注解是否正确，"蘭""蔄"是否有别，也许只有古人才清楚。关于"蘭"是泽兰还是兰花的争议也持续了千年，至今难分胜负。

但是，《诗经》里的另一首诗《国风·陈风·防有鹊巢》中却首次出现了另一种兰科植物的记载，诗中写道，"中唐有甓，邛有旨鷊。谁侜予美？心焉惕惕"，其中的"鷊"，《尔雅·释草》中解释为小草，并说鷊有杂色，似绶，花在花茎上螺旋而上排列，似彩带。可判断《国风·陈风·防有鹊巢》中的"鷊"为绶草，这被认为是世界上最早记载的兰科植物。而"中唐有甓，邛有旨鷊"，通过"屋顶的瓦片不可能铺在庭院的大道，山丘上不可能生长绶草"这人尽皆知的生活常识来比喻世事无常或象征颠倒反常的事物，说明了绶草是当时随处可见的、生长在低湿之地而非山丘的植物，这也是有关兰科植物生境的最早记载。

春秋时期，孔子将兰引入中国文化，用兰作为一种文化意象，筑起中国兰文化的精神品格和境界。对兰文化最有贡献的人莫过于孔子，孔子所构筑的兰花品格秉性一直影响着兰文化在后世的发展。《孔子家语·六本》记，"与善人居，如入芝兰之室，久而不闻其香"，认为常与品德高尚之人交往，便会受到芝兰香气的影响，其自身的品行也会像兰的香气一样，变得高雅圣洁。我们熟知的关于兰的记载"芝兰生于深林，不以无人而不芳""夫兰当为王者香"，皆出自孔子。

兰还与皇室秘辛、政治相关联。《左传》和《史记》中都记载了"燕姞梦兰"的故事。《左传·宣公三年》："初，郑文公有贱妾曰燕姞，梦天使与己兰，曰：'余为伯鯈。余，而祖也，以是为而子。以兰有国香，人服媚之如是。'既而文公见之，与之兰而御之。辞曰：'妾不才，幸而有子，将不信，敢征兰乎？'公曰：'诺。'生穆公，名之曰兰。"《史记·郑世家》亦有记载："二十四年，文公之贱妾曰燕姞，梦天与之兰，曰：'余为伯鯈。余，尔祖也，以是为而子，兰有国香。'

以梦告文公，文公幸之，而予之草兰为符。遂生子，名曰兰。"这个故事的大意是，郑文公的小妾燕姞梦见自称叫伯鯈的人，说是她的祖先，交给她一枝兰，并说："这是你的儿子，兰为国香，佩着它，别人会像爱兰花一样爱你的。"燕姞把梦告诉了郑文公，郑文公给她一枝兰并让她侍寝。后来，燕姞生下了儿子，取名为兰。

春秋末期，《越绝书》记载"勾践种兰渚山"（勾践曾在兰渚山种兰）。《续会稽志》卷四记载："兰，《越绝书》曰：勾践种兰渚山。旧经曰：兰渚山，勾践种兰之地，王、谢诸人修禊兰渚亭。"《绍兴地志述略》记载："兰渚山，在城南二十七里，勾践树兰于此。""勾践种兰渚山"，后人因此把渚山命名为兰渚山，把兰渚山下的驿亭命名为兰亭。

战国时期，伟大的爱国主义诗人屈原吟《离骚》而颂兰，他把兰当成知音和精神的化身、崇高和圣洁的象征来歌颂，喻兰若美人如君子，兰品似人品，言兰意在自省自修，是另一位兰文化精神内核的重要奠基者。据统计，在《楚辞》中兰蕙字句出现多达 30 多次。屈原吟诵他一生如兰的经历，使得兰花在我国进一步成为文化之花、精神之花、高雅之花。

第二节
秦汉魏晋　幽兰芬芳

　　战国时期，"田畴异亩，车涂异轨，律令异法，衣冠异制，言语异声，文字异形"，秦国灭六国后对此进行了改革。到汉朝时八方文化融为一体，诸子百家互相渗透，最终凝聚成汉文化。汉字、汉语、汉文化影响八方，对中华民族的巩固和发展产生了千年不衰的深远影响。汉朝以后，魏晋南北朝是中国历史上极混乱的大动荡时期，道家的思想以个人修养的方式进入统治阶层，其对人性、对个人的价值追求，成为整个时代的潮流。自汉文化 —— 中国传统文化发源形成发展以来，中国兰文化也渐成脉络。

　　两汉时期流传下来众多诗篇，较有代表性的有《涉江采芙蓉》、刘彻的《秋风辞》、曹植的《美女篇》等。《涉江采芙蓉》："涉江采芙蓉，兰泽多芳草。采之欲遗谁？所思在远道。还顾望旧乡，长路漫浩浩。同心而离居，忧伤以终老。"以兰的精神品格营造出清幽、高洁的意境，凸显主人公的高雅形象。《秋风辞》："秋风起兮白云飞，草木黄落兮雁南归。兰有秀兮菊有芳，怀佳人兮不能忘。泛楼船兮济汾河，横中流兮扬素波。箫鼓鸣兮发棹歌，欢乐极兮哀情多。少壮几时兮奈老何！""兰有秀兮菊有芳，怀佳人兮不能忘"与《九歌·湘夫人》"沅有芷兮澧有兰，思公子兮未敢言"有异曲同工之妙，均是由兰之美、兰之高洁兴起对佳人的怀念。《美女篇》："美女妖且闲，采桑歧路间。……罗衣何飘飘，轻裾随风还。顾盼遗光彩，长啸气若兰。"文中写"美女"呼出的气息芬芳如幽兰，以兰写人，烘托美女之美。

魏晋时期，山水自然走进审美生活，国兰外在俊秀飘逸的自然属性引起以形美赏兰的风潮，同时其高洁优雅的内在节气与魏晋风骨十分贴合，从而得到了魏晋文人的青睐，成为表达自我人格的对象。三国魏时期，阮籍《咏怀八十二首》中"幽兰不可佩，朱草为谁荣"，以兰表达对当朝奸臣的痛恨，抒发自己不与现实同流合污，愿与隐身于洁净山野的兰一般，不为世俗所累的志向。嵇康《四言赠兄秀才入军诗十八首·其十五》："息徒兰圃，秣马华山。流磻平皋，垂纶长川。目送归鸿，手挥五弦。俯仰自得，游心太玄。嘉彼钓叟，得鱼忘筌。郢人逝矣，谁与尽言？"诗人以"在长满兰草的野地上休息，在鲜花盛开的山坡上喂马，在草地上弋鸟，在长河里钓鱼"，传写出高士飘然出世、心游物外的风神，全文传达出一种人与自然和谐相处的哲理境界。

书圣王羲之是东晋书法家，他爱兰的故事流传广泛。我国一件元代稀世名瓷"青花四爱图梅瓶"，其中一幅图为《王羲之爱兰》。王羲之创造行书、草书与他爱兰有关，他的书法结构错落自然、神韵生动，得益于兰叶的疏密相宜、流畅飘逸。永和九年（353年）三月初三，王羲之于兰亭相约友人修禊，除"此地有崇山峻岭，茂林修竹，又有清流激湍，映带左右"外，此地还是昔日勾践种兰之地。兰亭雅集，曲水流觞，即席赋诗，留下了"俯挥素波，仰掇芳兰""微音迭咏，馥焉若兰""仰咏挹馀芳，怡神味重渊"等咏兰名句，著名的《兰亭集序》即是此日诞生并流传后世的。

隐逸诗人之宗、田园诗派鼻祖陶渊明也生活在东晋。"幽兰生前庭，含熏待清风。清风脱然至，见别萧艾中。行行失故路，任道或能通。"他在庭院种植幽兰，时刻提醒自己坚守人格操守。

南朝宋文学家鲍照诗词作品有《幽兰》五首："倾辉引暮色，孤景倡思颜。梅歇春欲罢，期渡往不还。帘委兰蕙露，帐含桃李风。揽带昔何道，坐令芳节终。结佩徒分明，抱梁辄乖忤。华落知不终，空愁坐相误。眇眇蛸挂网，漠漠蚕弄丝。

空惭不自信，怯与君画期。陈国郑东门，古来共所知。长袖暂徘徊，驷马停路歧。"以兰抒情，寄托自己的忧愤。

　　这一时期药用兰科植物也被记载于古籍中。东汉早期的《神农本草经》首次从药性、药用功效、别名、产地、形态、采收时间等方面对石斛、赤箭（天麻）、白及进行了详细记载。《神农本草经》根据药物的性能和使用目的的不同将其分为上、中、下三品，上品一百二十种，无毒；中品一百二十种，无毒或有毒；下品一百二十五种，有毒者多，不可久服。其中石斛、赤箭被列入上品，白及被列入下品。

第三节
盛世唐宋　兰草葳蕤

唐宋是我国古代文学作品鼎盛辉煌阶段，国家强盛，外交频繁，文人视野得到了极大的拓展，既能勇于表达自己对浩瀚宇宙的态度，也能细致品味生活之趣味。唐宋时期诗画曲文极为丰富，为我们留下了璀璨的兰诗兰词、丰富的赏兰知识和兰艺文化。

唐代李白《于五松山赠南陵常赞府》："为草当作兰，为木当作松。兰秋香风远，松寒不改容。松兰相因依，萧艾徒丰茸。"以兰松怀抱操节相同而相互依存，相随远行，来说明"物以类聚，人以群分"。杜牧《兰溪》："兰溪春尽碧泱泱，映水兰花雨发香。楚国大夫憔悴日，应寻此路去潇湘。"兰溪古为楚地，兰花高洁，屈原爱兰，以兰自喻，游兰溪，仰慕先哲，也是对自己追求的一种暗示。张九龄《感遇十二首·其一》："兰叶春葳蕤，桂华秋皎洁。欣欣此生意，自尔为佳节。谁知林栖者，闻风坐相悦。草木有本心，何求美人折！"全诗写春天里的幽兰、秋天里的桂花顺应美好的季节生机勃勃，借兰桂之芳香比喻自己的高志美德，包含了朴素的历史唯物主义思想，时势造英雄、英雄壮时势的客观辩证法。

唐代末年，唐彦谦写下咏兰诗篇《兰二首》，诗中"清风摇翠环，凉露滴苍玉。美人胡不纫，幽香蔼空谷"，描述了兰花的叶形、叶色、花形、花色和花香，被认为是我国首次对真正兰花的记述，当然这里的兰花是指国兰。唐朝末年，关于栽培兰花的文献记录开始出现。杨夔散文《植兰说》"或植兰荃，鄙不遄茂。乃法圃师汲秽以溉，而兰净荃洁，非类乎众莽。苗既骤悴，根亦旋腐"，这被认为是我国兰花栽培方法最早的文献记录[1]。冯贽《云仙杂记》也曾记载盛唐时期，"王维曾以黄磁斗贮兰蕙，养以绮石，累年弥盛"，说的是王维用瓷盆养兰蕙，并配以假山石。此时期有关兰花栽培方法的文献记录还相对较少，是我国兰花栽培的萌芽时期。

宋代在承传前代文化的基础上开拓演进，形成了独具风神的"宋型文化"，以璀璨的精神文明彪炳史册。宋词是两宋文学的辉煌代表，被称为一代文学之最。宋朝也留下了有关兰文化的绚烂篇章。

北宋词人曹组《卜算子·兰》："松竹翠萝寒，迟日江山暮。幽径无人独自芳，此恨凭谁诉。似共梅花语，尚有寻芳侣。着意闻时不肯香，香在无心处。"全词咏幽兰，淡墨渲染幽兰淡远清旷，托花言志，借兰写隐士孤高拔俗、自得其乐的节操胸怀，寄托作者向往归隐的心志。

晏殊《蝶恋花》："槛菊愁烟兰泣露，罗幕轻寒，燕子双飞去。明月不谙离恨苦，斜光到晓穿朱户。昨夜西风凋碧树，独上高楼，望尽天涯路。欲寄彩笺兼尺素，山长水阔知何处？"起句写菊花笼罩着一层轻烟薄雾，看上去似乎脉脉含愁，兰花上沾有露珠，看起来像默默饮泣，借物抒情，渲染哀愁气氛。

辛弃疾的《水调歌头·壬子三山被召陈端仁给事饮饯席上作》和《兰陵王·赋一丘一壑》读来旷达豪爽。《水调歌头·壬子三山被召陈端仁给事饮饯席上作》："长恨复长恨，裁作短歌行。何人为我楚舞，听我楚狂声？余既滋兰九畹，又树蕙之百亩，秋菊更餐英。门外沧浪水，可以濯吾缨。一杯酒，问何似，身后名？人间万事，毫发常重泰山轻……"《兰陵王·赋一丘一壑》："恨日暮云合，佳人何处，纫兰结佩带杜若。……莫击磬门前，荷蒉人过，仰天大笑冠簪落。待说与穷达，不须疑著。古来贤者，进亦乐，退亦乐。"两首词均借屈原"滋兰树蕙""纫兰结

---

[1] 吴应祥. 什么是"国兰"？什么是"洋兰"？[J]. 花木盆景(花卉园艺), 1995(4):6.

佩"来抒情言志。

宋朝文化不仅文学方面发展繁荣，艺术以及科学技术领域亦是硕果累累。中国画，特别是山水画到了宋代不仅仅描绘风景，还强调画中意境，发展非常成熟。

赵孟坚是南宋末年著名画家，首创用墨写兰，笔调劲利，作品清雅。现存赵孟坚《墨兰图》长卷（图1-1），纸本，纵34.5cm，横90.2cm，收藏于北京故宫博物院。上有作者自题诗："六月衡湘暑气蒸，幽香一喷冰人清。曾将移入渐西种，一岁才华一两茎。"此画绘兰两株，于草地中丛生，兰花盛开似飞蝶；题诗流露了作者清高孤芳之情。用墨写兰，花叶用淡墨，疏散错落，韵致天成，这种画兰技法对后世产生了深远的影响。

图1-1　赵孟坚《墨兰图》卷 [1]

郑思肖是南宋末年元朝初年画家，画兰以画"露根兰"出名，以画无土兰寄寓他的亡国之痛。现存郑思肖《墨兰图》（图1-2）为长卷纸本，纵25.7cm，横42.4cm，收藏于日本大阪市立美术馆。此画用水墨绘无土无根兰一株，画右自题诗一首："向来俯首问羲皇，汝是何人到此乡？未有画前开鼻孔，满天浮动古馨

---

[1] 故宫博物院https://minghuaji.dpm.org.cn/paint/detail?id=763ctc1j7f9bcc7v92mfckuexfbsu6pm

香。"诗画相映，以无根无土的兰花形象和题诗抒发深沉的思想感情，亦反映了画家耿直不阿的品格。

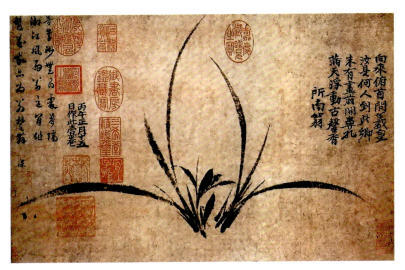

图 1-2　郑思肖《墨兰图》[1]

在宋朝，兰在日常生活中也渐渐被应用开来。"轻汗微微透碧纨，明朝端午浴芳兰""薰风燕乳，暗雨梅黄，午镜澡兰帘幕"，记载了端午节人们要用兰汤洗浴。"友人以梅、兰、瑞香、水仙供客，曰四香，分韵得风字"，表明兰花被用以观赏。

宋朝时期，国兰的栽培得到进一步的发展。北宋时期的黄庭坚在《书幽芳亭》中提道，"兰蕙丛出，莳以砂石则茂，沃以汤茗则芳"，说的是用砂石栽培兰蕙可使其生长茂盛，用茶水浇灌可使其花朵芳香。其中，栽培时添加砂石可以增加根系环境的疏水透气性，和现今的栽培方法相似。至南宋时期，国兰已经有了较普遍的栽植。范成大在《次韵温伯种兰》中写道，"栽培带苔藓，披拂护尘垢"，即

[1] 赵秀勋.新编兰谱[M].北京：人民美术出版社,2011.

在栽种兰花时铺置苔藓，不仅可以防止浇水时尘垢溅到兰花上，而且还能增加观赏性。

随着国兰栽培的继续发展，与兰花栽培相关的专著逐渐出现。世界上最早的两部国兰专著应是南宋时期赵时庚的《金漳兰谱》和王贵学的《兰谱》（又称《王氏兰谱》）。这两部著作中叙述的品种大多是福建的品种。除对品种的评述外，内容还涉及栽培、施肥、灌溉、移植、分株、土质等方面，记录了当时人们对国兰栽培和研究所取得的经验与成就。

第四节
明清之兰　雅俗共赏

　　元、明两代赏兰，从兰品性的人格化发展到拟人化，将兰的欣赏标准提升到一个新的方向、新的阶层。清代是我国历史上兰文化的鼎盛期，养兰、赏兰从一种休闲活动逐渐演变成一种特有的文化活动，以兰为主题的文学和绘画作品、花会展览等层出不穷[1]。除了继续涌现大量的诗词画作之外，国兰的栽培也进入了昌盛时期。兰花逐渐进入平民百姓家，涌现了许多与兰花栽培相关的著作和民间养兰技法，这些兰花栽培方法直至今天都具有很高的借鉴意义和参考价值。清代还创立了完整的瓣型理论，瓣型理论是中国兰文化的核心内容，亦是我国人民 2000 余年来欣赏兰花的结晶。

在诗词方面

　　元明时期，倪瓒《题郑所南兰》："秋风兰蕙化为茅，南国凄凉气已消。只有所南心不改，泪泉和墨写《离骚》。"此诗赞扬郑所南的坚贞之志和爱国精神，实际也表达了诗人自己决不屈服于任何暴力的民族气节。徐渭作咏兰诗《兰》："莫讶春光不属侬，一香已足压千红。总令摘向韩娘袖，不作人间脑麝风。"此诗以"一香已足压千红"的名句写出了兰以幽香取胜的特点。陈子龙《念奴娇·春雪咏兰》："问

---

[1] 马性远, 马扬尘. 中国兰文化[M]. 北京: 中国林业出版社, 2008.

天何意，到春深，千里龙山飞雪？解佩凌波人不见，漫说蕊珠宫阙。楚殿烟微，湘潭月冷，料得都攀折。嫣然幽谷，只愁又听啼鸰。当日九畹光风，数茎清露，纤手分花叶。曾在多情怀袖里，一缕同心千结。玉腕香销，云鬟雾掩，空赠金跳脱。洛滨江上，寻芳再望佳节。"词中"楚殿""湘潭""攀折""九畹""光风""数茎清露"隐喻与屈原《楚辞》中描述的美人香草一脉相承，意深情远，亦婉丽亦苍凉。

清代咏兰诗赋作品更多。

静诺的《咏秋兰》："长林众草入秋荒，独有幽姿逗晚香。每向风前堪寄傲，几因霜后欲留芳。名流赏鉴还堪佩，空谷知音品自扬。一种孤怀千古在，湘江词赋奏清商。"这首诗阐扬了兰的高洁、清香、雅致，作者是以兰自况，风中有傲骨，品操高洁，犹如千余年前屈原那样。

纳兰性德的《点绛唇·咏风兰》："别样幽芬，更无浓艳催开处。凌波欲去，且为东风住。忒煞萧疏，争奈秋如许？还留取，冷香半缕，第一湘江雨。"这首词为既题兰又兼咏物之作。在纳兰笔下：风兰"别样幽芬"，香味清幽、典雅、不寻常，浓艳的花朵无法与之媲美，形态如水上行走的轻盈柔美的凌波仙子，风兰之精致灵动形象绰约可见。

袁枚的《秋兰赋》："秋林空兮百草逝，若有香兮林中至。既萧曼以袭裾，复氤氲而绕鼻。虽脉脉兮遥闻，觉熏熏然独异。予心讶焉，是乃芳兰，开非其时，宁不知寒？于焉步兰陔，循兰池，披条数萼，凝目寻之。果然兰言，称某在斯。……晚景后凋，含章贞吉。露以冷而未晞，茎以劲而难折；瓣以敛而寿永，香以淡而味逸。商飙为之损威，凉月为之增色。留一穗之灵长，慰半生之萧瑟。予不觉神心布覆，深情容与。析佩表洁，浴汤孤处。倚空谷以流思，静风琴而不语。歌曰：秋雁回空，秋江停波。兰独不然，芬芳弥多。秋兮秋兮，将如兰何！"作者先写野外发现兰花、然后移兰入室的经过，后写兰花"晚景后凋，含章贞吉"的特点，既写出了林中兰花朴实无华，但芳香溢远清幽高洁，又写出了兰花耐寒傲霜、坚韧自持的性格。此赋通过对兰花清幽高洁、凌寒独秀品性的赞美，寄托了作者洁身自爱、超尘脱俗的人格追求及清高自持的处世思想。

在画作方面

元代书画家、文学家赵孟頫师承赵孟坚的画法，现存《兰蕙图》就是以自由舒卷的笔调来表达一种奔放而飘逸的情感；其画兰名作还有《兰石图轴》（图1-3）。元代僧人普明（字雪窗）以画兰著称，后世有诗云，"家家恕斋字，户户雪窗兰。春来行乐处，只说虎丘山"，可见雪窗和尚的兰花画极受欢迎；他的传世作品《兰图》为一幅绢本墨笔春兰，收藏于日本东京国立博物馆。元代流传于后世的画兰名作还有李衎的《四清图卷》（图1-4）。

明代以兰为主题的画作较多，盛名的如徐渭的《墨花九段图卷》（图1-5），画中墨兰，简练脱俗，格调古雅，画兰的同时也写照自己。传世兰花画名作还有沈周的《兰石图》、文徵明的《兰竹图》（图1-6）、叔伊的《兰石轴》（图1-7）、仇英的《双勾兰花图》（图1-8）、周天球的《兰花图》（图1-9）、孙克弘的《百花图卷》（图1-10）、马守真的《仿管道昇墨兰轴》（图1-11）等。

至清代，兰花画创作达到高峰，传世名作数不胜数，首推郑燮的《荆棘丛兰图》（图1-12），此图为长卷纸本，纵31.5cm，横508cm。郑燮亦有一诗《题画兰》："身在千山顶上头，突岩深缝妙香稠。非无脚下浮云闹，来不相知去不留。"其他名作还有郑燮的《兰花竹石图卷》（图1-13）、石涛的《兰石扇》（图1-14）和《兰竹册》（图1-15）、罗聘的《秋兰文石图》（图1-16）、汪士慎的《花卉册》（图1-17）、王素的《兰花扇面》（图1-18）、方婉仪的《人物花卉册》（图1-19）、恽冰的《花卉册（十开）》（图1-20）等。

图1-3 赵孟𫖯《兰石图轴》[1]

图1-5 徐渭《墨花九段图卷》局部 [2]

图1-4 李衎《四清图卷》局部 [3]

图1-6 文徵明《兰竹图》局部 [4]

[1] 上海博物馆 https://www.shanghaimuseum.net/mu/frontend/pg/article/id/CI00000817

[2] 故宫博物院 https://minghuaji.dpm.org.cn/paint/detail?id=7a1520a815e64b02ae7f6c618b58ad6e

[3] 故宫博物院 https://minghuaji.dpm.org.cn/paint/detail?id=51f3fe7e496f467b99744b3810713ede

[4] 故宫博物院 https://minghuaji.dpm.org.cn/paint/detail?id=tqe0m8s1abdvw90g1p28syc7sn6u32h3

图 1-7　叔伊《兰石轴》局部 [1]　　图 1-8　仇英《双勾兰花图》局部 [2]　　图 1-9　周天球《兰花图》[3]

图 1-10　孙克弘《百花图卷》局部 [4]　　　　　图 1-11　马守真《仿管道昇墨兰轴》[5]

图 1-12　郑燮《荆棘丛兰图》[6]

[1] 故宫博物院 https://minghuaji.dpm.org.cn/paint/detail?id=4815971395f74f5dba93ea298c81a774

[2][3] 赵秀勋. 新编兰谱[M]. 北京：人民美术出版社，2011.

[4] 故宫博物院 https://minghuaji.dpm.org.cn/paint/detail?id=a4f1ec25b1ca44aeae462589856ba11c

[5] 上海博物馆 https://www.shanghaimuseum.net/mu/frontend/pg/article/id/CI00005016

[6] 南京博物院 http://www.njmuseum.com/zh/collectionDetails?id=295

图 1-13　郑燮《兰花竹石图卷》[1]　　图 1-14　石涛《兰石扇》[2]

图 1-15　石涛《兰竹册》局部[3]　　　　图 1-16　罗聘《秋兰文石图》局部[4]

[1] 上海博物馆 https://www.shanghaimuseum.net/mu/frontend/pg/article/id/CI00000902
[2] 故宫博物院 https://minghuaji.dpm.org.cn/paint/detail?id=2c5de81c7e484fc28f55ca8df927eb72
[3] 故宫博物院 https://minghuaji.dpm.org.cn/paint/detail?id=516296e90fe6431da46c8240aa3b868f
[4] 赵秀勋. 新编兰谱[M]. 北京: 人民美术出版社, 2011.

图 1-17　汪士慎《花卉册》局部[1]　　　　图 1-18　王素《兰花扇面》[2]

图 1-19　方婉仪《人物花卉册》[3]　　　　图 1-20　恽冰《花卉册（十开）》[4]

[1] 上海博物馆 https://www.shanghaimuseum.net/mu/frontend/pg/article/id/CI00000904

[2] 赵秀勋. 新编兰谱[M]. 北京：人民美术出版社，2011.

[3] 上海博物馆https://www.shanghaimuseum.net/mu/frontend/pg/article/id/CI00004984

[4] 上海博物馆https://www.shanghaimuseum.net/mu/frontend/pg/article/id/CI00005021

在养兰方面

元代的孔齐（号静斋）在《至正直记》中写到兰："喜晴恶日，喜阴恶湿，喜幽恶僻，盖欲干不欲经烈日，欲润不欲多灌水，欲隐不欲处荒芜，欲盛而苗繁则败"，言简意赅地总结了兰花的生长习性和栽培要领。

至明、清时期，与兰花栽培有关的著作就更多了，达二十多部[1]。

明代时期，王世懋在《学圃杂疏》中写道：种植建兰时，用化妆镜盒盛水，将建兰的花盆放于其中，来隔离虫、蚁、鼠、蚓等虫类，防止其从外界侵入。高濂在《遵生八笺·燕闲清赏笺》中收录了许多民间养兰技巧，如"种兰奥法""培养四戒""雅尚斋重订逐月护兰诗诀"等，其中的"培养四戒"，后人将其总结为"春不风，夏不日，秋不干，冬不湿"，成为养兰十二字经广为流传。明代重要的国兰专著还有：张应文的《罗篱斋兰谱》、冯京第的《兰易》《兰易十二翼》和《兰史》等。这些著作内容不尽相同，各有侧重，多是当时种植国兰的经验总结。

清代，养兰之风继续盛行，重要的国兰专著就更多了，如冒襄的《兰言》、朱克柔的《第一香笔记》、屠用宁的《兰蕙镜》、吴传沄的《艺兰要诀》、张光照的《兴兰谱略》、许霁楼的《兰蕙同心录》、袁世俊的《兰言述略》以及岳梁的《养兰说》等。朱克柔在《第一香笔记》中写道，"新花畏风，复花喜风，新花恶日，复花宜日，此先后之间，性之相反者也……天寒宜曝，日烈宜藏"。区金策在《岭海兰言》中提及"养兰之法，阳多则花佳，阴多则叶佳""以面面通风为第一义。以刻刻留心为第二义""若不通风，阳多则晒死，阴多则淤死""兰畏久晒，

[1] 程建国,李敏莲,杜正科.我国兰花栽培的历史、现状及发展前景[J].西北林学院学报,2002,17(4):29-32.

法必须遮；兰贵通风，遮又忌密""以十分计之：七分蔽日，三分露天，足矣"等，这些都是精辟的养兰技巧。

在赏兰方面

赏兰重要理论——"瓣型理论"诞生于明清时期。这一理论主要内容包含瓣型分类与分级、开品与神韵等方面，从诞生之日不断完善，至今仍在使用。

明永乐十年（1412年），由段宝姬题名、杨安道汇编的《南中幽芳录》对38种兰花的产地、生态习性、形态等做了较准确的描述，并以"五瓣如梅""花形似蝶""如蟹爪勾"等形容比喻花瓣形状，这些形象的比喻是兰花瓣型理论的雏形。在兰花之品第高下细分上，明代冯京第（篔溪子）在《兰史》中将兰的品位与挑选人才的"九品十八级中正制"相类比，将兰分为九品，即上上、上中、上下、中上、中中、中下、下上、下中、下下[1]。这种方法为瓣型理论奠定了以人为本的理论依据。

清初，鲍绮云在《艺兰杂记》中提出了"瓣型"的概念，将孔子关于"君子"的标准作为品兰的文化标准。"君子不重则不威"，君子不庄重，则无威仪。"人以端严为重，花亦以端严为贵，不独以罕而为世所珍"，"庄重"成为兰花的品赏标准，"重"在兰花中的直接体现就是花瓣厚实、花形端正，奠定了"瓣型理论"的基石[2]。

清顺治年间，苏州出现了中国兰花历史上有文字记录的第一只瓣型花——"梅瓣"，这只型如梅花瓣、颜色翠绿的春兰，被命名为"翠钱梅"。清乾隆年间，浙江绍兴宋锦旋选出一只标准的梅瓣花，花容端正、花瓣厚实、中宫圆整、花色如

---

[1][2] 马性远, 马扬尘. 中国兰文化[M]. 北京: 中国林业出版社, 2008.

翠玉。此花被称为"宋锦旋梅"，简称"宋梅"，是"瓣型理论"标准梅瓣的范本。时隔不久，蕙兰中也出现了"程梅""万和梅"两只标准梅瓣花。嘉庆年间，第一只标准的春兰"水仙瓣"在浙江余姚高庙山选出，其瓣型端正、花色艳丽，被命名为"龙字"，与宋梅并称为"国兰双璧"[1]。

随着兰花瓣型代表种的不断发掘，"瓣型理论"逐渐完善，到清中期，"瓣型理论"已基本完善并深入人心。艺兰界根据这一理论对兰蕙的花朵形状、颜色以及花形的整体结构方面进行了全面的研究。大量兰花著作涌现，如袁世俊的《兰言述略》、柏子堂的《兰蕙真传》、恽氏的《兴兰集》、孙侍洲的《心兰集》、区金策的《岭海兰言》、陈研耕的《王者香集》、沈沛霖的《品兰说》、黄氏的《兰蕙图谱》、罗文俊的《艺兰记》、杜文澜的《艺兰四说》、杨子明的《艺兰说》等等。这些著作在理论上奠定了中国兰花的鉴赏标准[2]。

民国时期也是中国艺兰史上一个重要的发展时期，经过两三百年的探索，这时的兰花瓣型理论已非常完善。从民国至今的百余年时间里，国内外艺兰家鉴赏国兰的理论依据始终是瓣型理论。

随着兰花品赏新标准"瓣型理论"的形成，养兰、赏兰从一种休闲活动，逐渐变成人们"品兰为雅，艺兰为尚"的时尚和追求，与书画、古董收藏一起成为明清时期江南地区特有的文化活动。由于江浙兰蕙名品多生在山中，文人和商人不可能亲自去选兰，因此明中期就出现了一种独特的职业——兰客（兰贩），他们从山中挖掘兰花送给艺兰家，兰史上因此也留下了一大批"艺兰家"和"兰客（兰贩）"的姓名和逸事。

乾隆时期，苏州、无锡、上海等地每年三、四月都要举办一至两次大型"兰会"，宁波、绍兴、杭州、嘉兴、湖州、宜兴、南京等地许多艺兰家会赶去参展。

---

[1][2] 马性远,马扬尘.中国兰文化[M].北京:中国林业出版社,2008.

袁世俊《兰言述略》记载："沪城每年一次于邑庙内园，自乾隆时起，至今未替。"说的是上海的兰花展自乾隆年间就有了，办展地点是"邑庙内园"，即城隍庙的内园。花会期间，有名兰评选，亦有买卖交换，据记载，氛围热络、观者如堵。庚申（1860年）之乱后参与的人减少到十多人，但仍然坚持着。清朝后期（1840—1912年），苏南的苏州、无锡、南京和浙北的湖州、嘉兴、杭州、绍兴、宁波等地的小型兰会也颇多。

第五节
近代现代　百家争鸣

　　随着历史的长河迈入近代和现代，科学技术迅猛发展，兰史也进入了新的壮阔天地。虽然这一时期的兰花也几经波折，但最终我国兰事活动、兰花人文研究与自然科学研究走向蓬勃发展、遍地开花的局面。

　　民国时期，我国经历了废除帝制、建立共和的历史转折和社会动荡，但在建立共和后的 20 余年时间里，社会环境相对安定的江南地区的艺兰活动仍是繁荣昌盛。瓣型理论的完善、江南地区丰富的兰花资源和相对稳定的社会环境，对兰界的发展来说，可谓是天时地利人和，大量兰花品种被发现。

民国时期

　　民国时期，浙北、苏南（包括上海）是最为活跃的兰事活动地区，江南名城无锡更是一代又一代艺兰家的集聚地。当时的《锡报》《新无锡》《梁溪新报》《蓉湖日报》等媒体，经常报道该地的兰花信息、介绍兰花知识。《锡报》的《艺兰专刊》定期报道"兰花新闻"，刊登"品种鉴赏""艺兰文化"等知识，促进了艺兰活动进入寻常百姓之家。从兰花中发财致富、改变自己命运的希望也在一些社会最底层的穷苦人中生根。周建人的小说《艺兰家》讲述了一位贫困知识分子养兰的故事，是当时江南地区民间养兰情景的真实记录。

　　上海、无锡、杭州等地每年一度的兰展照常举行。上海兰展的地点以豫园为主，其他地点还有一些私家园林，如双清别墅（徐园）和半淞园等。从清光绪九年（1883年）至20世纪20年代末前后近五十年间，徐园每年农历三、四月间都举办兰花会。光绪十五年（1889年），花会规模开始扩大，到1919年，花会开幕日三月二十一日，参观者达数千人。半淞园每年农历二、三月间举办的历届兰展均有珍品，其中1922年展出的数种名兰，一花即价值千金。

民国时期出现了许多内容丰富的兰花著作，其中最广为流传的是1923年出版的《兰蕙小史》。《兰蕙小史》对兰蕙的瓣型、栽培方法等做了系统的论述，在书中附有浙江兰蕙失传名种素描图，并首次在兰花专著中附兰蕙的照片。这是我国第一部较为完善、详细的艺兰著作。这一时期著名的兰花著作还有于照的《都门艺兰记》、杨复明的《兰言四种》、郑同梅的《莳兰实验》、朱子桐的《兰谱》等。

中华人民共和国成立时期

1937年中日战争全面爆发，战火席卷江南兰苑，许多名贵兰蕙毁于战火之中，仅有少量品种被艺兰家冒着生命危险保存下来。1945年抗日战争胜利后，艺兰活动开始恢复。1946年春天，沈渊如汇集艺兰家在无锡举办兰展，将经过18年莳养而第一次开花的"曹荣大荷"改名为"胜利大荷"，以表达抗战胜利的喜悦之情。

1949年全国解放后，百业待兴，兰花也再次走入人们的生活。国内涌现出一批兰室、兰圃、兰园。国内最早建立兰圃的是浙江省杭州花圃。1952年，杭州花圃斥资购买兰花，建成解放后国内第一家兰室，当时共收集了100多个品种。50年代中期，爱好兰花的朱德为杭州兰室题了匾额："国香室""同赏清芬"。1956年，中科院植物所在北京香山建立植物园开始莳养兰花，并进行科学研究。成都、广州、厦门、绍兴等其他城市园林部门也纷纷建立兰圃。1962年至1964年间，上海植物园兰花室、无锡兰苑、苏州沧浪亭公园兰室、厦门市中山公园兰园均在筹建。

这一时期，我国兰展活动开始蓬勃发展。1959 年春，北京中山公园举办北京历史上第一次兰花展。1962 年，上海举办中华人民共和国成立后的第一次全国性兰展。我国兰花也开始走向世界兰展。1952 年，由中国台湾选育的美龄兰在美国洛杉矶花展荣获冠军。1956 年 9 月，十余种中国名兰参展澳大利亚红十字会在墨尔本举办的奥林匹克兰花展览会，深受欢迎。

1966 年"文化大革命"爆发，兰花被当作"资产阶级毒草"，被横扫。十年浩劫，兰花品种十之八九遭到毁灭，一些艺兰名家也遭受到了与兰花同样的命运，"艺兰"遭到了毁灭性的打击。

这一时期，我国台湾地区的兰花产业欣欣向荣。60 年代中期，台湾几乎家家养兰。1960 年，台北市举办了第一次全省性兰展。70 年代后期，台湾拥有 15 万个以上的小型国兰兰园和 500 个洋兰兰园，兰花投资者达 20 万人以上，国兰文化也蓬勃发展。80 年代，中国台湾的兰花产业成为出口农业的主力军。90 年代中期，墨兰市场崩溃，但取而代之的蝴蝶兰进入了大陆市场和欧美市场，成为产业巨头。《兰友》《中国兰》《现代养兰学全书》《士林兰话》等兰花刊物在当时的中国台湾极为流行。

改革开放时期

20 世纪 70 年代后期，我国进入改革开放时期，江浙地区在出口创汇的影响下，兰花种植产业渐渐恢复。产业的兴起带来了民间兰花活动的逐渐恢复。

1983 年，中国大陆第一个兰花组织 —— 绍兴市兰花协会成立。1984 年 1 月，兰花当选为绍兴市市花，同年 3 月，绍兴市首届兰展举办。

1987 年，我国参加了在日本举办的"第十二届世界兰花博览会"，打破了改革开放以来我国兰花界与世界花卉界零交流的局面。

1988 年 9 月 27 日到 10 月 5 日，改革开放后的首次全国大型兰展 —— 中国首届兰花博览会在广州举行。大会期间，中国花卉协会兰花分会成立。同年，中国植物学会兰花学会在北京成立。

1990 年 2 月 15 日至 20 日，第二届中国（厦门）兰花博览会举行。1992 年，第三届中国（深圳）兰花博览会举行。此后，1994 年至 2020 年间，兰博会每年举办一届。

20 世纪末 21 世纪初，我国兰花市场呈现东西部相对独立的局面。传统的春兰与夏蕙（蕙兰）市场是东部兰花市场的主力，市场较为稳定。但自 20 世纪 90 年代起，西部市场中云南的莲瓣兰、四川的春剑则是三起三落。特别是在 2005 年至 2006 年冬春季之间，境外资金联合了部分国内资金恶意炒兰，不仅造成了中国兰花资源的严重破坏，而且套牢了大批盲目的追随者，兰市迅速进入低谷。

改革开放以来，色彩艳丽、姿色万千的洋兰逐渐进入我国花卉市场。90 年代，随着我国经济快速发展，洋兰的市场需求量急速增加，并随着西方先进科技如组织培养和无菌播种技术的引入，我国洋兰栽培技术不断取得进步，洋兰花卉产业在我国快速兴起。人们赏兰也不再只局限于国兰，而是形成了国兰与"洋兰"并存的局面。

此时期更有大量专著涌现，其中很多专著已经开始纳入"洋兰"的栽培方法及西方兰花栽培的先进方法，如沈渊如与沈荫椿的《兰花》、吴应祥的《中国兰花》、刘清涌的《中外兰花》、陈心启与吉占和的《国兰洋兰三百问》和《中国兰花全书》、卢思聪的《中国兰与洋兰》等等。至 21 世纪，中国的兰花栽培进入了一个更为昌盛的时期，出版的兰花书籍数量之多，培育的兰花新品种范围之广，兰花爱好者队伍之庞大，兰花交易活动之活跃，均超过了历朝历代。兰花杂志也随着兰花栽培脚步陆续诞生，如《中国兰杂志》《中国兰花》《兰苑》《兰蕙》《兰花世界》《西部兰花》等。

21世纪初，互联网的浪潮带动了各行各业网站的发展。2001年前后，广东的中国兰花网、易兰网，浙江的东方兰花网和四川的中国兰花在线四大网站是我国诞生的第一批兰花网站，这些网站共同搭建了中国兰花的网上信息平台。2003年创建的中国兰花交易网是兰花和兰花植料用品的最大交易平台网站。这些网站为兰花爱好者提供了学习、交流的平台，为中国兰花知识的普及做出了贡献。

在我国兰花产业蓬勃发展的同时，不容忽视的是我们付出了极其沉痛的资源代价。改革开放初期的20世纪80年代初，兰花是可以出口创汇的农业产品之一，大量野生兰花以低廉的价格被出口到国外。随着90年代末细叶兰市场的启动，在兰花可以卖大价钱的舆论导向下，我国从南到北、从山区到海岛的春兰、夏蕙都遭到疯狂的采挖，导致兰花资源被严重破坏，造成了无可挽回的损失。

现在，野生兰科植物保护已经引起了国家重视。但由于兰花种类多、分布广，保护难度极大，保护之路任重道远。

第六节
西方兰花　风情异域

　　西方关于兰花最早的记录，发现于古罗马的一些遗迹和文化符号中。公元前9世纪的一个古纪念碑上刊刻的90多种植物中有两种兰花，经考证，这两种兰花为头蕊兰属植物（*Cephalanthera* sp.）和绶草属植物（*Spiranthes* sp.），公元前1—4世纪期间，恺撒广场古庙顶上出现兰花装饰图案，经鉴定很可能是红门兰属的 *Orchis tridentata*。

　　16世纪之前，希腊人将兰花当成植物"伟哥"。起因是许多欧洲地生兰块茎肥大，形如雄性动物的生殖器官，古希腊人将兰花命名为orkis。"orkis"意为"睾丸"，后来派生出词语orchis、orchid 和 Orchidaceae，即今天兰科的拉丁学名"Orchidaceae"及兰花英文单词"orchid"。约于公元77年成书的《药物志》这样描述orkis："据说如果男人将较大的根吃下去并令女性怀孕，就会生下男孩，如果妇女吃了较小的根，就会怀上女孩。还有人说狄萨利亚的妇女用幼嫩的根搭配山羊奶服用，可刺激情欲，而如果使用的是干燥的根，则有抑制消解情欲的功能……"

　　17世纪，"异域"兰花开始进入欧洲。1640年，约翰·帕金森在《植物学剧场》一书中描述了"巨大的野生圣诞玫瑰"，一种产自北美的拖鞋兰——皇后杓兰（*Cypripedium reginae*），"茎和叶更大，而且花不是黄色而是白色，花腹有泛红的狭长条纹"。1698年的《荷兰天堂》记载了荷兰法赫尔发现的来自库拉索岛的一种白花多肉植物，像寄生一样生长在大树树干上——*Epidendrum curassavicum folio crasso sulcato*，意思为"生长在树上，来自库拉索，拥有肉质、具沟槽的叶片"，1831 年，这种植物被命名为柏拉兰（*Brassavola* sp.）[1]。同时，17 世纪是植物学发展的重要时期，植物解剖学、植物生理学和植物胚胎学发展迅速，17 世纪末，现代植物分类的基本原理确立，现今大部分兰花种类也在 17 世纪末被发现、描述并配以插图。

随着 18 世纪科学探索的兴起，伦敦成为异域兰花引进欧洲的重要中心，西方国家开始栽培兰花。1731 年，紫花拟白及（*Bletia purpurea*）从巴哈马群岛运至英格兰，经养护后变干的植株恢复了生机，一年后开出漂亮的花朵。自此，全球异域兰花引种脚步开始加速。1739 年，原产墨西哥犹加敦半岛的香荚兰（*Vanilla* sp.）开始在英国种植。1759 年，英国皇家植物园成立，大量输入包括兰花在内的各种热带植物。1768 年，建成 9 年的英国邱园收集有 24 种兰科植物。1778 年，中国的建兰（*Cymbidium ensifolium*）、鹤顶兰（*Phaius tankervilleae*）被引至英国。

19 世纪时，兰花被认为是奢侈品，为富人阶级所有，在上层社会中形成了兰花高雅精致、美丽和谐的文化。如名著《简·爱》中描述一次家庭聚会时"花瓶中的兰花在各个角落竞相开放"；英国伯明翰市市长约瑟夫·张伯伦（1836—1914）不仅在议会、外交会议和大学履职时佩戴兰花，还做过兰花胸针，并用兰花标记眼镜。迪金森用"兰花佩戴着她的羽毛，为着昔日的恋人披上阳光！重游沼泽！"的诗句表达情感。随着英国皇家园艺学会园艺活动与事业的推广，兰花的商业性栽培开始正式出现，热带兰或者洋兰受到强烈推崇，贵族纷纷收集和种植蝴蝶兰（*Phalaenopsis* sp.）、卡特兰（*Cattleya* sp.）以及各种色彩艳丽的兰花，兰花成为富人的一种消遣活动。

维多利亚时代（Victorian Era，1837—1901），工业革命将大英帝国推至巅

---

[1] 马克·格里菲思. 兰花档案[M]. 王晨，张敏，张璐，译. 北京：商务印书馆，2018.

峰，兰花也在这一黄金时期留下了浓墨重彩的一笔，兰花的栽培逐渐发展为兰花热。英语中有一个词专门指代这一时期人们对于珍奇、异域和独有的兰花的狂热和渴望：Orchidelirium（狂兰症），即后世所熟知的兰花狂热症。兰花狂热症在1820年已蔚然成风，直到20世纪初开始式微。这几十年间，为获得珍奇的兰花，不少富人和苗圃争先恐后地雇佣兰花猎手深入世界各地搜寻兰花。1833年，英国皇家园艺学会的前身伦敦园艺学会举办了一场花展，展会上来自中南美洲的拟蝶唇兰（*Psychopsis papilio*）惊艳了德文郡公爵六世威廉·斯潘塞·卡文迪什，由此公爵开始收集栽培兰花。历史上也因此开启了现代兰花栽培的新篇章。1835年至1837年间，德文郡公爵的"园丁"约翰·吉布森收集了硬毛金线兰（*Anoectochilus setaceus*）、密花石斛（*Dendrobium densiflorum*）、流苏石斛（*D. fimbriatum*）、曲轴石斛（*D. gibsonii*）、齿瓣石斛（*D. devonianum*）、笋兰（*Thunia alba*）、凤蝶兰（*Papilionanthe teres*）等新兰花物种。公爵的首席园丁帕克斯顿则寻找到适合不同起源地兰花的理性栽培技术。英国园艺界纷纷派出兰花猎手到世界各地搜集兰花新品种，并定期在英国各地拍卖[1]。由于当时兰花栽培技术尚不成熟，几乎所有出售的兰花都是从野外采集的，对野生兰花造成了毁灭性的破坏。此外，兰花猎手之间竞争异常激烈，他们经常发生对抗，有时甚至以生命为代价，猎兰之路充满了血腥和罪恶。19世纪30年代末，真正的卡特兰（*Cattleya labiata*）消失不见，直到1891年才被重新发现。1856年10月，人工杂交选育的洋兰新品种在世界上第一次开花，庞大的兰花市场开始发展。兰花热及兰花的高贵形象一直延续到爱德华七世（1841—1910）时代末，此时已是19世纪末20世纪初。这期间猎兰行为仍在继续，兰花易手价格昂贵，也出现了一些横跨19世纪兰花界的大家，他们见证了兰花从小众痴迷到风靡大众的发展过程。

---

[1] 马克·格里菲思. 兰花档案[M]. 王晨, 张敏, 张璐, 译. 北京: 商务印书馆, 2018.

1913 年，女权主义者们发动了反对兰花和兰花热的行动，她们摧毁了邱园的兰室并且损毁了 50 多个稀有的兰花品种。虽然《每日快报》以《疯狂的妇女袭击邱园》为题、《标准晚报》以《邱园兰花被毁》为题分别对此事件进行了报道且代表了邱园的立场，但这场行动也引起了一些共鸣：兰花是享有特权且过时的男权主义的标志[1]。

进入 20 世纪上半叶，由于科学技术的迅猛发展、第一次世界大战和第二次世界大战爆发之后社会环境的巨大改变，兰花不再是贵族财富和权力的象征，而是为各个阶级所拥有。这时期的西方兰文化表现出了两极分化。一方面仍表现着传统的角色，是财富和地位、权力与激情的象征。如，1903 年英国音乐喜剧《兰花》讲述了兰花猎手给商务部部长送珍贵兰花的故事，用诙谐的方式对张伯伦的癖好进行了表现[2]。在 1919—1921 年间，德国的奇幻杂志《兰花花园：奇幻的篇章》的封面常是兰花经常出现的奇幻场景，比如在兰花的周围或者从中间冒出一些奇奇怪怪的人物和动物，如小矮人、尸体、骷髅、巫师、恶魔、蟾蜍、蜗牛、蝙蝠、黑猫等等[3]。另一方面则表现着"高雅精致，充满艺术美感"的独特魅力，兰花"白皙雅致，像是林中仙子"，具有远离人类世界的那种未被破坏的天然之美。在美国，被比作兰花的女性通常是社会领袖或者光鲜亮丽的女演员。灵魂舞者洛伊·富勒"当她旋转时，长布卷成的漩涡包住她，整个人像飘浮在半空之中，她把自己变成一团火，一只蝴蝶，一朵花……"，对很多人来说她的舞蹈已经成为兰花的化身[4]。还有作家折服于兰花的魅力：法国小说家马塞尔·普鲁斯特在《斯万的一次爱情》中将卡特兰写成奥黛特·德·克雷西最喜爱的花；伊恩·弗莱明、雷蒙德·钱德勒和约翰斯机长也分别在自己创作的小说中诠释了兰花的魅力[5]。

[1][4][5] 马克·格里菲思. 兰花档案[M]. 王晨, 张敏, 张璐, 译. 北京: 商务印书馆, 2018.
[2][3] 苏宁. 兰花历史与文化研究[D]. 北京: 中国林业科学研究院, 2014.

古今中外，兰花作为国际名花，其所代表的花卉文化虽然衍生了不同形象和寓意，各具风格特点，但都丰富了人类的精神世界，体现了人类对"真、善、美"的追求和认同，为社会发展做出了贡献。兰花在东、西方各自经历了不同的发展道路后，也迎来了现代的大交融。兰展在近现代是最能体现兰文化的兰事活动，我国的兰展脱胎于明清的兰文化活动，从最初专注于国兰到现在开始承办世界性兰展，除国兰外，蝴蝶兰、石斛兰、卡特兰、兜兰等美丽的身影在兰展中以新品种、盆景、造型花艺、园林景观等多样的形式频频现于大众视野，"洋兰"的审美观念也被大众所熟知和认可，这从年宵花卉市场上蝴蝶兰占有的比重可见一斑。而我国的国兰、兰文化也同样美名远播，影响广远，被西方及其他东方国家所认知和赞美。1999 年，日本成立了中国古代兰花协会，专门研究我国传统国兰，这一协会的成立"是日本对中国兰花千百年的迷恋的最近的一次体现"[1]。在自然科学方面，这种交融更加热烈，从经典的植物分类科学方法到现在的基因组、转录组、代谢组、蛋白组等多组学高通量测序、测试方法被全世界兰科植物科学家所共用，这些研究兰花的科学家族群在世界上被称为 orchid people。与兰科相关的学术研讨会不管在哪里召开，往往都有中外各国的科学家一起参会研讨。我们相信，在未来，兰花仍将继续散发它的魅力，与人类、与世界、与整个生命圈形成"命运共同体"。

---

[1] 马克·格里菲思. 兰花档案[M]. 王晨, 张敏, 张璐, 译. 北京: 商务印书馆, 2018.

兰花，是兰科植物的俗称，与其他植物相比，具有明显不同、易于区别的特征。它们是一个"高智商"群体，从种子传播、植株生长到开花结实，都显示出惊人的"智慧"，蕴含了许多生命的奥秘。其独特的经济价值、复杂的菌根关系、与昆虫协同进化的传粉机制以及起源演化都备受世界的关注。近年来，随着分类学、生物地理学、多组学等的蓬勃发展，兰花众多未解之谜被一一揭开，对人类认识地球生命演化规律、保护生物多样性具有重要的意义。

第二章

解码兰花　揭秘兰谜

第一节
兰花的形态特征

兰科植物多是地生、附生或较少腐生的草本，极罕见攀援藤本（图2-1）。茎缺少永久的木质结构，极少数种类的茎有不同程度的木质化。兰科植物演化出极具多样性的形态特征和生存策略。分布于全球的约30000种兰花都能很好地适应不同的生长环境和气候。在除了两极和极端沙漠地区以外的陆地系统中，从热带雨林到寒带针叶林，从潮湿的海滩到干燥的高山草甸，到处都能发现兰花的踪影。

图2-1 攀援藤本深圳香荚兰 (*Vanilla shenzhenica*) 的原生境

千姿百态、种类繁多的兰花王国令人眼花缭乱。然而，大部分兰科植物具有非常明显的共同衍征（apomorphies），包括：花两侧对称（zygomorphism）、大部分花倒置（resupinate）、一枚高度特化的唇瓣（labellum）、雌雄蕊器官融合而成的合蕊柱（column）以及块状的花粉团（pollinarium）（图2-2）等。

图2-2 多花脆兰（*Acampe rigida*）的花

一、兰科植物的根

兰科植物的肉质根，可分为地下侧生根（lateral root）（图2-3）和气生根（aerial root）（图2-4）两种类型，从假鳞茎、根状茎、块茎或茎上发出，吸收土壤中或空气中的水分和矿物质等。大部分兰科植物的根与真菌共生形成菌根。

地生兰生长在腐殖质丰富的土壤中，它们通常具有发达的肉质侧生根、地下块茎或假鳞茎，如鹤顶兰属（*Phaius*）（图2-5）、红门兰属（*Orchis*）等。这种肉质根或茎蓄积的水分和营养物质帮助兰科植物抗旱、过冬，适应恶劣的环境。

图2-3 墨兰（*Cymbidium sinense*）的侧生根

图2-4 矮万代兰（*Vanda pumila*）的气生根

图 2-5　鹤顶兰
（*Phaius tancarvilleae*）

图 2-6　附生在树干上的大根槽舌兰
（*Holcoglossum amesianum*）

附生兰附着在树上（图 2-6）或石上。它们的生长通常需要支撑，其气生根起到了不可忽视的作用。兰花的气生根通常长达数米，可从空气和树干或岩石表面的枯枝落叶中吸收水分。

二、兰科植物的茎

兰科植物的茎有根状茎（rhizome）、假鳞茎（pseudobulb）和块茎（tuber）之分。根状茎是指横走在地下或贴附在树干或石头上圆柱形的茎，可连续长出新芽和花（图 2-7）；假鳞茎是指增厚变大的绿色地上茎，表面光滑，常具纵向凹槽，形状多样，多为圆锥形或椭圆形，上面长出叶片（图 2-8）；块茎是膨大成卵球形、椭圆球形或其他不规则形状的地下茎（图 2-9）。

茎的生长方式有两种类型：

①单轴式（monopodial）：茎的生长从一个单芽开始，叶从茎的顶端生长，茎随之伸长。其主轴的延长是靠自身不断生长的结果，长可达数米，如万代兰属（*Vanda*）（图 2-10）、香荚兰属（*Vanilla*）。

②合轴式（sympodial）：合轴式生长是大多数兰科植物茎的生长方式，即每个植株主轴（主茎、根状茎等）的生长是有限的，而主轴的继

图2-7　血叶兰（*Ludisia discolor*）的根状茎

图2-8　细叶石仙桃（*Pholidota cantonensis*）的假鳞茎

图2-9　天麻（*Gastrodia elata*）的块茎

图2-10　纯色万代兰（*Vanda subconcolor*）的茎单轴式生长

图2-11　单叶石仙桃（*Pholidota leveilleana*）的茎合轴式生长

续生长是靠侧芽发出的新轴（新苗），新轴的侧芽又长出新轴（新苗），年年如此，连续不断，可延续数十年至百年之久。整个植株的主轴是由许多侧轴组成的，水平生长。合轴式生长的兰花如石仙桃属（*Pholidota*）（图2-11），其根状茎会伴随肉眼可见的假鳞茎。

图 2-12 毛叶芋兰（*Nervilia plicata*）

图 2-13 金线兰（*Anoectochilus roxburghii*）

图 2-14 建兰（*Cymbidium ensifolium*）
线艺品种

三、兰科植物的叶

兰科植物的叶有1至数枚，纸质、肉质或革质，互生或偶有对生，通常二列，叶形多样，边缘通常全缘，先端锐尖或微缺，基部通常具鞘、有时具关节、有时收狭成叶柄状。

绝大部分兰科植物与其他单子叶植物一样具平行叶脉，有些形成网格状的脉纹。生长在光照充足的热带附生兰的叶片通常呈厚革质，表面覆盖一层蜡质，防止水分过度蒸发；生长在温带的地生兰花通常叶片细薄、纸质。

兰花的叶片具有较高的观赏性：毛叶芋兰（*Nervilia plicata*）的心形绿色叶（图2-12）；金线兰（*Anoectochilus roxburghii*）的卵形叶片带有天鹅绒的质感，镶嵌金色网格脉纹（图2-13）；建兰（*Cymbidium ensifolium*）长椭圆形的叶葳蕤繁茂、婀娜多姿（图2-14）。

四、兰科植物的花

兰科植物的花葶（scape）从块茎、假鳞茎、根状茎或叶腋抽出，有基生、侧生或顶生几种生长方式，直立或下垂，具1至多数花，通常排列成总状（racemose）、穗状（spicate）、伞状（umbellar）或圆锥状（paniculate），罕见偏向一方或二列排列。如兰属（*Cymbidium*）植物的花葶基生，常从假鳞茎基部长出（图2-15）；石豆兰属（*Bulbophyllum*）的花葶通常基生，从生有根状茎的节发出（图2-16）；卡特兰属（*Cattleya*）的花葶通常顶生，从茎的顶端长出（图2-17）；万代兰属（*Vanda*）

图2-15 椰香兰（*Cymbidium atropurpureum*）

图2-16 麦穗石豆兰（*Bulbophyllum orientale*）

图2-17 莫西卡特兰（*Cattleya mossiae*）

图 2-18　琴唇万代兰（*Vanda concolor*）　　图 2-19　玫瑰石斛（*Dendrobium crepidatum*）

的花侧生，从叶腋处抽出（图 2-18）；石斛属（*Dendrobium*）的花通常从落了叶的茎节发出（图 2-19）。

　　大部分兰科植物的花呈两侧对称，极罕见辐射对称；花梗连同子房通常翻转 180°，有时不翻转或翻转 360°。兰科植物的花具有两轮花被片：外轮 3 枚花被片称为萼片（sepals），中央 1 枚萼片称为中萼片（dorsal sepal），两侧 2 枚萼片称为侧萼片（lateral sepal）；内轮 3 枚花被片称为花瓣（petals），其中中间 1 枚花瓣形态常有较大的特化，明显不同于 2 枚侧生花瓣，称为唇瓣（labellum 或 lip），一些种类唇瓣上时常装饰有胼胝质（calli）、脊（ridge）、垫状（cushion）或冠状（crest）附属物，基部生有距（spur）和蜜腺（nectary）或无（图 2-20）。由于花梗（pedicel）和子房（ovary）作扭转或 90° 弯曲，特化唇瓣常处于下方（远轴的一方），对传粉昆虫而言则形成了一个合适的停靠平台。

　　有时侧萼片会合生成合萼片（synsepal），如兜兰属植物（*Paphiopedilum*）（图 2-21）；有时两侧花瓣与中萼片合生成兜状（hood），如舌唇兰属植物（*Platanthera*）（图 2-22）；唇瓣有时 3 裂，中间裂片称为中裂片（mid-lobe），两侧裂片称为侧裂片（lateral lobes），如玉凤花属植物（*Habenaria*）（图 2-23）；有时唇瓣中间隘缩，将唇瓣分为前唇（epichile）和后唇（hypochile），如盆距兰属植物（*Gastrochilus*）（图 2-24）。6 枚花被片，如此简单的要素，兰科植物却演化出

图 2-20 三褶虾脊兰（*Calanthe triplicata*）
示兰科植物花的各部位

图 2-21 麻栗坡兜兰（*Paphiopedilum malipoense*）的合萼片

图 2-22 白鹤参（*Platanthera latilabris*）
的两侧花瓣与中萼片合生成兜状

图 2-24 镰叶盆距兰（*Gastrochilus acinacifolius*）的唇瓣中间隘缩，将唇瓣分为前唇和后唇

图 2-23 毛萼玉凤花（*Habenaria ciliolaris*）的唇瓣 3 裂

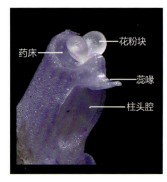

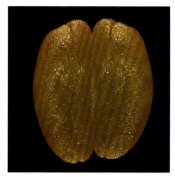

图 2-25 麻栗坡万代兰（*Vanda malipoensis*）的合蕊柱

图 2-26 华西蝴蝶兰（*Phalaenopsis wilsonii*）的花粉块

图 2-27 版纳石斛（*Dendrobium bannaense*）的花粉团

千姿百态，令人过目不忘。

兰科植物的雌、雄蕊合生在一个柱状体上，称（合）蕊柱（column）（图2-25），属典型的两性花，雌雄同体。蕊柱长短不一，有时在蕊柱的末端或腹侧生有蕊柱齿或耳状裂片或蕊柱臂，蕊柱基部有时向前下方延伸成足状，称蕊柱足（column-foot），此时2枚侧萼片基部常着生于蕊柱足上，形成囊状结构，称萼囊（mentum）；蕊柱顶端一般具药床（clinandrium）和1个花药（anther），腹面有1个柱头（stigma），柱头与花药之间有1个舌状器官，称蕊喙（rostellum）（图2-25），极罕具2-3枚花药（雄蕊）、2个隆起的柱头或不具蕊喙。兰科植物的花粉（pollen）通常黏合成团块，称花粉团（pollinia）。花粉团粉状、蜡质或角状，一端常变成柄状物，称花粉团柄（caudicle）；花粉团柄连接于由蕊喙一部分衍变成的黏块，即黏盘（viscidium），有时黏盘还有柄状附属物，称黏盘柄（stipe）；花粉团、花粉团柄、黏盘柄和黏盘连接在一起，称花粉块（pollinarium）（图2-26），也有的花粉块不具花粉团柄或黏盘柄，有的缺黏盘（图2-27）。

五、兰科植物的果

兰花的子房通常发育成三条或六条纵裂、两端闭合的蒴果（capsule）（图2-28）。果荚中种子极多，几千到几百万粒不等，种子细如粉尘，轻如鸿毛（图2-28）。兰花种子缺乏胚乳（图2-29），不能为种子萌发提供营养，必须与菌根真菌共生才能获得营养萌发，因此所有的兰花在种子萌发时都是真菌异养植物，在自然状态下需要真菌才能完成整个生命周期。

兰花种子在野外环境中遇到合适真菌的机会非常小，其释放的种子只有极少部分能成长为成熟植株，因此野外萌发率极低。园艺上针对兰花种子萌发而专研的人工培养基消除了兰花种子萌发时对真菌的需求，极大地提高了兰花种子的萌发率，实现了兰花的人工繁殖，有助于兰花的产业化推广。

图 2-28　开裂的果荚和白色絮状种子

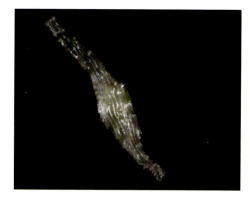

图 2-29　显微镜下铁皮石斛（*Dendrobium officinale*）的种子

第二节
兰花的生物学特性

一、生活型与生境

兰花在演化的过程中渐渐适应了多样的生境，因此我们能在各种各样的生境中发现兰花的踪迹。兰花主要分布在南、北纬30°以内，年降雨量1500—2500mm的森林中。一部分兰花为地生（terrestrial），生长于草地中或荫蔽的森林里；一部分为附生（epiphytic），附着在乔木或灌木上，接近地面，避开阳光直射，还有些生于宿主顶端，光照充足；一部分为岩生（lithophytic），在土层稀薄的岩石或石头上生长；有一些为沙生植物，生长于沙地上；还有少数为无叶绿素的腐生兰花。

不同生境下的兰花，其形态有较大的区别。在热带地区，温度和湿度较高，植物对光的需求较大，植物之间竞争激烈，兰花多为附生。但这一地区也有一些地生兰花，即使没有足够的光照，也能茁壮成长。附生兰花中有的种类为了获取足够的光照，在40m高的乔木枝干上也能见到它们的身影。这些附生兰花的根暴露在空气中，通常能从周围积聚的腐烂物质、清洗树叶的雨水或空气里的灰尘中获取所需营养，如生长在印尼、新几内亚、所罗门群岛热带雨林及红树林沼泽的树干上的附生兰——大魔鬼石斛（*Dendrobium spectabile*）（图2-30）。

图2-30　大魔鬼石斛（*Dendrobium spectabile*）

附生兰的根没有遮蔽，暴露在外的气生根易受冻害和干旱的影响。气候季节分明的地区，兰花通常具有明显的休眠期，以避免极端干旱或寒冷对植株的损害。如报春石斛（*Dendrobium polyanthum*）的气生根密布在附着的树干上，冬季落叶进入休眠期，春季花从落了叶的茎节上发出，花期后长出新芽、嫩叶，进入生长期（图2-31）。

图2-31　报春石斛（*Dendrobium polyanthum*）

地生兰，如前文所述，通常生长在温带和寒冷地区的草地或小灌木丛生的岩石地区，其地下部分的根茎通常发育成块茎，以抵抗雨雪、干旱和偶发的火灾，如生长在西藏、甘肃高海拔草坡的地生兰西藏杓兰（*Cypripedium tibeticum*）（图2-32）。

图2-32　西藏杓兰（*Cypripedium tibeticum*）

腐生兰即菌根异养兰花，由于缺乏叶绿素，常见于森林土壤中，通过共生真菌分解土壤中的有机物来获取营养，如大根兰（*Cymbidium macrorhizon*）（图2-33）。

图2-33　大根兰（*Cymbidium macrorhizon*）

二、光合作用与生理

绿色植物区别于其他生物的最主要特点是它的自养性，即进行光合作用，能利用太阳光同化 CO_2 和 H_2O，合成碳水化合物。光合作用中，CO_2 的同化途径因植物类型和生态环境的不同而不同，共有三种方式，即卡尔文循环（C_3 途径）、二羧酸途径（C_4 途径）和景天酸代谢途径（Crassulacean Acid Metabolism，CAM 途径），具有这些光合碳同化途径的植物分别称为 C_3 植物、C_4 植物和 CAM 植物。

在自然界，绿色植物一般是在白天进行光合作用，白昼开启气孔，吸收 CO_2，通过叶绿素吸收太阳光能，将 CO_2 和 H_2O 合成为有机物；同时由于蒸腾作用，也丢失水分。而在夜间通过呼吸作用，将有机物分解为 CO_2 和 H_2O，产生能量以供植物自身生长之用。C_3 植物属于高光呼吸植物类型，其 CO_2 固定酶是二磷酸核酮糖羧化酶（RuBP 羧化酶），固定效率较低。这类植物种类多，分布广，多生长于暖湿环境，如大多数树木、水稻、小麦、棉花等大部分农作物。C_4 植物光合效率比 C_3 植物高，但其种类少，分布受限制，主要生活在干旱热带亚热带地区，如玉米、高粱等。为防止水分通过蒸腾作用过快流失，C_4 植物只能短时间开放气孔，虽吸收的 CO_2 量较少，但可以高效固定 CO_2。这得益于一种特殊的 CO_2 固定酶——磷酸烯醇式丙酮酸羧化酶（PEP 羧化酶）。

兰科植物在长期的进化过程中对不同的环境形成各种独特的适应能力，为了生存，它们在形态和生理上都发生了一定的变化，练就了极强的抗旱能力，如石斛属（*Dendrobium*）和蝴蝶兰属（*Phalaenopsis*）的某些种类具有肥厚的肉质茎，储存大量的水分和有机物，以应对干旱环境。CAM 植物中约 60% 种类为附生兰科植物，它们夜晚开放气孔，吸收光合作用所需的 CO_2，在 PEP 羧化酶的作用下，固定 CO_2，作为苹果酸贮藏于液泡中。白天气孔关闭以避免水分蒸发流失，将液泡中的苹果酸氧化脱羧，放出 CO_2，通过光合作用形成碳水化合物。这种代谢类型最早发现于景天科植物，所以称为景天酸代谢。

CAM 植物代谢的优势在于，它的蒸腾比远低于其他类型的植物。白昼关闭气孔可以减少水分的损失，而夜间森林树冠由于正常的呼吸作用，产生大量的 CO_2，易于被吸收、固定。当水分供应充分时，气孔在白天也能够开启，吸收 CO_2，进行正常的光合作用。若遇到严重的干旱，气孔也会呈现昼夜关闭的状态，仅仅循环利用呼吸作用所产生的 CO_2 来进行光合作用，以适应干旱、恶劣的生存条件。

三、兰花的菌根

1885 年，德国植物生理学家 Frank 首次提出菌根（Mycorrhiza）一词，他认为这种植物—真菌之间的相互关系是双方营养需求所致。菌根共生是大多数陆地植物的共同特征，据统计，大约86%的维管植物都与菌根真菌共生。根据菌根的结构和功能，菌根类型主要可分为五种：外生菌根、丛枝菌根、水晶兰菌根[1]、兰科菌根和杜鹃类菌根。兰科植物是典型的菌根植物，约占全部菌根植物的10%。兰科植物菌根真菌与其他类型的菌根真菌相比具有极大的独特性。科学家们绘制了一个假设的植物群落，在这个群落里，植物与不同类型的菌根真菌相联系，而兰科菌根真菌具有相当的独特性（图 2-34）。

兰科植物在进化过程中丢失了 Mβ 基因，种子无胚乳，其粉尘状的种子能够飘到遥远的地方开拓生境。然而，兰科植物的种子小而不含胚乳的特征使得它们在自然环境中难以萌发，需要依赖真菌侵染，以获取养分。可以说从种子到幼苗这一生活史中非光合作用的早期阶段，兰科植物对菌根真菌有着绝对的依赖。科学家们的研究还发现，大部分成年的兰科植物仍需菌根真菌提供生长所需的碳水化合物及有

[1] Albornoz FE, Dixon KW, Lambers H. 2020 Revisiting mycorrhizal dogmas: are mycorrhizas really functioning as they are widely believed to do? Soil Ecology Letters. 1–15.

机质，如氨基酸、维生素等[1]。

据记载，早在 1886 年以前，第一次对温带和热带地区的兰花进行的大规模调查就发现了真菌侵染兰花成株的普遍现象。然而，直到 19 世纪末 20 世纪初，Bernard 和 Burgeff 才揭开兰科植物菌根真菌的秘密：他们首次将菌丝团描述为兰科植物菌根的独特结构，并对这些菌丝进行了早期最系统的分离，分类研究发现分离的真菌隶属于担子菌（Basidiomycete）的丝核菌（*Rhizoctonia*）。

长期以来，兰科植物与其菌根真菌之间的营养关系都是科学家们的研究热点，它们之间的相互关系呈现出高度的复杂性。有一句古老的生态格言是这样讲的：

图 2-34　植物群落中植物与不同类型的菌根真菌相联系形成地下网络[1]

[1] Smith E. S., Read D.. Mycorrhizal symbiosis, 3rd ed. [M]. London: Academic Press, 2008: 419-457.

[2] Van der Heijden M. G. A.. Mycorrhizal ecology and evolution: the past, the present, and the future [J]. New Phytologist, 2015, 205(4): 1406-1423.

在自然界中"没有免费的午餐"。兰科植物与其菌根真菌之间的营养关系也充分体现着兰花的"智慧"。本书作者王美娜综合前人研究，首次提出了三种兰花—真菌营养关系类型，即兰花单向利好型营养关系、典型的共生型营养关系和分工合作型营养关系[1]。

在兰花单向利好型营养关系当中，学者认为同其他古老的相互关系（如兰科植物与其传粉者之间的关系）一样，真菌容易受到兰花的欺骗，即兰花利用真菌为其提供生长发育所需要的营养物质，而真菌却不能从这个过程中得到任何好处。这类关系通常发生在非光合作用的兰科植物中及光合兰科植物的早期生活史中。如1997年Taylor等对两种非光合作用的兰科植物头蕊兰属 *Cephalanthera austinae* 和珊瑚兰属 *Corallorhiza maculata* 的研究所报道的那样，"所有的生理证据都表明兰科植物与它们的菌根真菌不是共生关系"，而是兰花利用真菌为其提供营养物质而没有任何回报[2]。

在典型的共生营养关系当中，营养流动是双向的，菌根真菌为其宿主兰科植物提供生长所需的无机物、有机物及水分等，而兰科植物也可以向其菌根真菌输送光合作用的产物，甚至在非光合作用阶段也可以向其菌根真菌输送 NH_4^+（图2-35）。2006年，Cameron等研究发现C源在小斑叶兰（*Goodyera repens*）与其菌根真菌之间可以双向流动，他们进行了放射性碳氮同位素追踪，在发现菌根真菌持续向成年小斑叶兰输送碳素的同时，也清楚地检测到了 $^{14}CO_2$ 由成年宿主植物转向菌根真菌[3]。2017年，Fochi等的一项研究刷新了对兰科植物与菌根真菌之间营养关系的认识。他们对菌根真菌 *Tulasnella calospora* 及其宿主兰花梨头长药兰

[1] 王美娜, 胡玥, 李鹤娟, 等. 兰科植物菌根真菌研究新见解[J]. 广西植物, 2021, 41(4):487-502.

[2] Taylor D. L., Bruns T. D.. Independent, specialized invasions of the ectomycorrhizal mutualism by two non-photosynthetic orchids [J]. Proceedings of the National Academy of Sciences, 1997, 94(9): 4510-4515.

[3] Cameron D. D., Leake J.R., Read D.J. Mutualistic mycorrhiza in Orchids: evidence from plant-fungus carbon and nitrogen transfers in the green-leaved terrestrial ordchid *Goodyera repens*[J]. New Phytologist, 2006, 171(2):405-416.

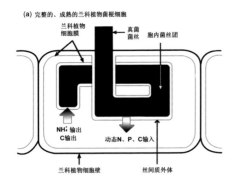

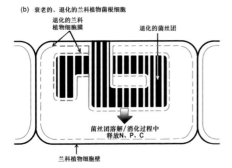

图 2-35　典型的共生型营养关系当中兰花—真菌营养转运模型[2]

（*Serapias vomeracea*）的氮转移及吸收基因的表达量进行了研究，研究发现在非光合作用阶段，此兰花也可向其菌根真菌 *T. calospora* 输送 NH_4^+[1]。这项研究首次发现了营养物质从非光合阶段的兰花宿主流向其真菌伴侣。因此，兰科菌根在植物发育的早期和成熟阶段都可能表现出真正的互利共生。

在分工合作型营养关系当中，兰科植物与其菌根真菌各自合成所需营养物质的一部分，然后组合到一起生成所需要的营养物质。Hijner 等在 1973 年对兰属（*Cymbidium*）的研究案例就发现了这一现象。他们从兰属中分离的丝核菌可以产生烟酸和维生素 B_1 的嘧啶，而兰属植物可以合成叶酸的前体——对氨基苯甲酸，这项研究表明兰属植物可以与其菌根真菌合作完成维生素的合成以满足它们彼此生长发育的需求[3]。

[1] Fochi V., Chitarra W., Kohler A., *et al*. Fungal and plant gene expression in the *Tulasnella calospora - Serapias vomeracea* symbiosis provides clues about nitrogen pathways in orchid mycorrhizas [J]. New Phytologist, 2017, 213(1): 365-379.

[2] Dearnaley J. D. W., Cameron D. D. Nitrogen transport in the orchid mycorrhizal symbiosis - further evidence for a mutualistic association [J]. New Phytologist, 2017, 213(1): 10-12.

[3] Hijner J. A., Arditti J. Orchid mycorrhiza: vitamin production and requirements by the symbionts [J]. American Journal of Botany, 1973, 60(8): 829-835.

四、聪明的传粉机制

兰科植物作为世界性分布的植物，承载的文化其实绝非"兰之君子"一种，它们的繁殖生物学特征非常巧妙，甚至充满了欺骗性。作为科学研究的载体，兰花最为著名的莫过于其复杂而精巧的传粉系统。兰科植物演化出复杂的结构、千奇百怪的形状，以及不同的大小、颜色、气味，其目的只有一个——吸引传粉者前来访花，帮助它完成传粉的过程。1862 年，查尔斯·达尔文（Charles Darwin）研究了兰花演化过程中实现异花授粉（cross-pollination）的复杂机制，并在《兰科植物的受精》（*Fertilisation of Orchids*）一书中进行了描述。

花粉团同黏盘、花粉团柄一起组成了兰科植物特有的雄性生殖结构——花粉块。花粉块会整个地粘在传粉者头部或腹部，通过它们传递到下一朵花的柱头上完成传粉。兰花这一特有的雄性生殖结构特征使兰花每次开放只能进行一次传粉。达尔文认为，这种传粉的风险虽然很高，但能有效地保证专一性，达到限制基因流的目的，这是一种保证兰花基因流纯粹的聪明方式。

蜂、蝇、蛾、蝶、甲虫、蚂蚁等昆虫和鸟类都可以帮助兰科植物传粉，但由昆虫传粉的兰花占多数，另有少数兰花是通过自主运动完成自交授粉的。传粉者在视觉和嗅觉上多被兰花唇瓣的形状、颜色和气味所吸引。许多新热带地区的兰花依靠雄性兰花蜂（orchid bees）来传粉，雄性的兰花蜂（蜜蜂科，Euglossini 族的物种）有收集花香的习性，访花的兰花蜂收集兰花产生的挥发性化学物质来合成信息素，拥有最复杂的花香组合的雄性可以赢得所有雌性的青睐。澳大利亚有一类无叶绿素腐生的地下兰（*Rhizanthella*），其生活史均在地下完成，这种兰花依赖蚂蚁和其他陆地昆虫传粉。中美洲的飘唇兰属（*Catasetum*）植物（图 2-36）花部结构具有特殊的机关，当雄性兰花蜂触碰到兰花的特定部位时就会触发一个微小的"机关"，被"当头一棒"弄得满头花粉。

图 2-36 飘唇兰属 *Catasetum* sp.

兰科植物的传粉方式主要有异花传粉、自花传粉和混合型传粉。借助风力、水力、昆虫或人的活动把不同花的花粉通过各种途径传播到雌蕊的柱头上，进行受精的一系列过程叫异花传粉，兰花的异花传粉有奖励性传粉、欺骗性传粉等方式。两性花的花粉落到同一朵花的雌蕊柱头上的过程，叫作自花传粉，也叫自交。混合传粉则是指既可以通过自花又可以通过异花方式完成传粉的过程。

奖励性传粉

兰科植物的奖励性传粉主要靠色与香吸引昆虫，供昆虫食用的主要是花蜜，也有部分是淀粉粒、蛋白质或油滴的腺体、食用毛、胼胝体、花粉状分泌物。兰花储存花蜜的部位一般在唇瓣的距中或子房的隔膜中。在演化过程中，这类兰花与它的传粉者协同进化出十分精巧的花部结构，仿佛量身定制一般，可以说是钥匙和锁的关系，一把钥匙对应一把锁。如，血叶兰（*Ludisia discolor*）的唇瓣和蕊柱基部合生形成短距，距内有胼胝质，并产出花蜜。菜粉蝶停落在血叶兰唇瓣上取食花蜜时，足部刚好触碰到合蕊柱两侧的雄蕊，无意中打开药帽，拖出花粉块，花粉块底部黏性极强的黏盘便牢牢地粘在菜粉蝶的足部。当它去到下一朵花时，依旧以同样的姿势吸食花蜜，此时，菜粉蝶足部携带的花粉团便粘到充满黏液的柱头腔中，完成传粉（图 2-37）。

著名的"达尔文兰"传粉案例也属于奖励性传粉。1862 年，达尔文收到一份来自马达加斯加的兰花标本。这种叫作大彗星兰（*Angraecum sesquipedale*）的兰花，它的 6 枚花被片辐射排列成星状，花距长达 29 厘米，仅底部 3.8 厘米处有花蜜。当时达尔文大胆猜想："在马达加斯加岛上一定生活着一种口器（喙）很长的蛾子，其口器一定很长，足以够得到藏在花距末端的花蜜。"这一猜想遭到昆虫学家们的质疑。1903 年，达尔文去世 21 年后，人们在马达加斯加岛上找到了这种喙很长的蛾类 —— 马岛长喙天蛾（*Xanthopan morganii*）。大彗星兰因此也被称为"达尔文兰"。马达加斯加岛位于非洲大陆的东南海面上，与非洲大陆隔海相望，最近距离约 386 千米，为物种的繁衍进化形成了天然的地理隔离屏障，阻断了基因交流，促进了新物种的形成。在这个岛上，大彗星兰与长喙天蛾相生相伴，专属合作，协同进化。长喙天蛾的喙长达 26 厘米，当它降落在大彗星兰唇瓣上忘情地吸食花距底部的花蜜时，头部则刚好撞在合蕊柱顶端的花药上，打开药帽，拖出花粉块，花粉块底部的黏盘紧紧黏在长喙天蛾身上，任它触角怎么拍打都无法去掉；当它去访问下一朵花时，携带花粉团的头部蹭了在合蕊柱中部的雌性生殖器 —— 柱头腔，被动地将花粉块送到柱头腔里，完成整个传粉过程（图 2-38）。

图 2-37　血叶兰（*Ludisia discolor*）与菜粉蝶

图 2-38　大彗星兰（*Angraecum sesquipedale*）与长喙天蛾

欺骗性传粉

约有 1/3 的兰科植物不为传粉者提供任何物质作为报酬，它们善于以花的色彩、芬芳、外形以及总体构造来伪装自己，模拟成有报酬花的花部结构、气味、颜色、雌性昆虫、产卵地等，采用各种欺骗性手段诱惑传粉昆虫访花，以实现有性生殖。这类传粉方式被称为欺骗性传粉，可分为食源性欺骗、性欺骗、产卵地欺骗、栖息地欺骗，以食源性欺骗和性欺骗最为常见。为了吸引传粉昆虫，繁衍后代，兰科植物聪明的传粉策略和丰富的传粉方式也为植物界增添了许多有趣的故事。

（1）食源性欺骗

开花时节，兰科植物通过模仿昆虫食源性植物的典型特征信号，如花序形状、花颜色、气味、有蜜指示、距和类似花粉的突起等，吸引昆虫钻入花筒或掉入囊中，达到传粉的目的。

杓兰亚科的唇瓣呈兜状，边缘内卷，内壁湿滑，为传粉昆虫设置了温柔的陷阱。访花昆虫掉落在兜状唇瓣内，想要逃出只能沿着兰花提前设置好的逃生通道，花粉块则安放在通道出口的两侧。受骗昆虫无功而返、夺路而出时，花粉已经牢牢地黏在昆虫身上。在兰花一次次的诱骗中，昆虫成了花粉的搬运工，把带出的花粉传递给下一朵花，帮助兰花实现了传粉，使兰花得以世代繁衍。如，杏黄兜兰（*Paphiopedilum armeniacum*）靠花香和鲜艳花色引诱长尾管蚜蝇、莫芦蜂和淡脉隧蜂等多种取食花粉的昆虫访花，利用它们的访花惯性完成异花和自花传粉（图 2-39、图 2-40）。

石豆兰属（*Bulbophyllum*）的一些种类开花时会释放出类似水果腐烂的臭味，通过嗅觉吸引传粉昆虫雄性果蝇，如毛虫石豆兰（*B. barbigerum*）、毛唇石豆兰（*B. penicillium*）等。毛唇石豆兰唇瓣基部有个活动关节，可以上下摆动。果蝇循着气味停落在唇瓣上，慢慢往前爬行，以为前方等待它的将是一顿大餐。由于重力的影响，

图 2-39　传粉昆虫访问杏黄兜兰（*Paphiopedilum armeniacum*）的花朵

图 2-40　杏黄兜兰（*Paphiopedilum armeniacum*）花纵剖图示"逃生通道"

图 2-41　毛唇石豆兰（*Bulbophyllum penicillium*）与果蝇

毛唇石豆兰的唇瓣随着果蝇的爬行有节奏地上下弹动，果蝇撞击到上方合蕊柱。在一次次撞击中，果蝇用身体打开了药帽，拖出了花粉块，把花粉送到柱头腔完成传粉（图 2-41）。

（2）性欺骗

性欺骗是指兰花通过模仿雄性传粉者配偶的形态或气味来吸引寻找配偶的雄性传粉者的一种传粉方式。这些兰花的骗术达到登峰造极的地步，不仅在颜色和形态上都与雌性传粉者毫无二致，而且它们还能模拟雌性传粉者的交配信号，散发吸引雄性传粉者的雌性荷尔蒙。当雄性传粉者与这些"雌虫"深情相拥，试图交配时，传粉工作就开始了。

分布在地中海沿岸地区的眉兰属（*Ophrys*）植物（图 2-42），雄性胡蜂是它的传粉者。为了吸

图 2-42　角蜂眉兰（*Ophrys speculum*）花朵模拟雌性泥蜂

引雄性泥蜂传粉，眉兰属植物花的构造模拟了雌性泥蜂的体态和颜色，并且释放出类似雌性泥蜂的性激素，吸引了大批的追求者。急于寻找配偶的雄性泥蜂，误以为眉兰是它的异性伴侣，便落在假配偶身上"求爱"。在"交配"的过程中，雄性泥蜂的头部正好撞击到唇瓣上方伸出的合蕊柱上的花粉块，花粉块底部的黏盘便牢牢地粘在了雄蜂的头上。当这只求偶心切的雄蜂又被另一朵眉兰欺骗而"悲剧"重演时，身上携带的花粉块被送到了新"配偶"的柱头上，完成传粉。

（3）产卵地欺骗

兰科植物的繁殖地欺骗是通过模拟繁殖地，来吸引寻找合适产卵地的昆虫来访，从而达到传粉目的的一种传粉方式，该传粉类型的兰花其花部通常有类似腐肉、粪便、真菌的子实体结构。如长瓣杓兰（*Cypripedium lentiginosum*）的传粉者

图2-43　长瓣杓兰（*Cypripedium lentiginosum*）

黑带食蚜蝇的幼虫专门以蚜虫为食。因此，为了让刚孵化出的幼虫有充足的食物，雌性食蚜蝇一般将卵产在蚜虫附近。长瓣杓兰的花瓣基部和唇瓣基部长了很多像蚜虫的黑栗色点状小突起（图2-43），当急于产卵的食蚜蝇被吸引来，就会落入长瓣杓兰精心设计的陷阱，在产卵的同时不得已帮助长瓣杓兰完成授粉。

（4）栖息地欺骗

有些兰花会模仿传粉者的巢穴来吸引传粉者。如西藏杓兰（*Cypripedium tibeticum*）的花低垂，呈暗紫色，唇瓣特化成囊状，背萼片遮盖着唇瓣的入口，形成一个以假乱真的巢穴，吸引为自己和后代寻找洞穴住所的蜂王（图2-44）。又如，梨头长药兰（*Serapias vomeracea*）的花冠为少见的筒状，呈暗红色，与几种蜂类的巢穴入口极为相似（图2-45）。

图2-44　西藏杓兰（*Cypripedium tibeticum*）

图2-45　梨头长药兰
（*Serapias vomeracea*）

自主运动传粉

众所周知，植物往往需要借助动物、风力、重力等外部传粉媒介，完成传粉的过程。深圳市兰科植物保护研究中心的科研团队在大根槽舌兰（*Holcoglossum amesianum*）中发现一种不需要借助任何外部媒介的作用，通过自主运动完成自花授粉（self-pollination）的机制。大根槽舌兰生长在云南条件较恶劣、传粉者较少的地区，它的花完全开放后，首先脱掉药帽，花粉块向上"抬头起身"，再向前弯"腰"翻越蕊喙，然后改变方向朝后上方的洞口弯曲，将两个花粉团准确地送入柱头腔。花粉块主动转动360°，不借助任何媒介并抵抗重力影响，将花粉团直接送到柱头腔，实现了一种主动交尾式的传粉过程（图2-46）。

图2-46　大根槽舌兰（*Holcoglossum amesianum*）自主运动传粉

混合传粉

混合传粉是既可自花授粉又可异花授粉的类型。如短距兰（*Holcoglossum nagalandensis*）与蚂蚁的传粉案例。短距兰利用蚁科昆虫取食距内的蜜的习性，完成自花传粉或异花传粉，得以在新生境中生存下来。它善用环境资源服务于繁殖从而获得了相对竞争优势，与传粉蚂蚁形成了一种特殊的依存关系（图 2-47）。短距兰的传粉案例其实也属于奖励性传粉，而前文提到的毛虫石豆兰传粉案例也同属于混合传粉类型。

图 2-47　短距兰（*Holcoglossum nagalandensis*）与蚂蚁

五、兰花的繁殖

兰科植物的繁殖方法有：有性繁殖和无性繁殖。有性繁殖是通过开花、受精、结果产生种子，种子萌发出幼苗进行繁殖的方式。兰科植物的种子不含胚乳，不可为种子萌芽和幼苗生长提供营养，因此，在自然状况下萌发率极低，即使少数幸运种子萌发成功，从种子发芽到植株成熟开花，大约要经过 5 年的时间，甚至更久。

兰科植物通常采用更保底的繁殖方式——无性繁殖。无性繁殖是利用自身营养体进行繁殖的方式。如兜兰属、蝴蝶兰属、石斛属、兰属等植物每年会通过茎节处生长素的积累，从基部的侧芽长出小苗（图 2-48），这些小苗被称为 keiki（夏威夷语，意为孩童，指较小的一个）。长出新苗后，老苗并不立即死亡，到一定时间便会形成丛生状态。过多的植株挤在一起会引起彼此对阳光、空气、水分和养分的争夺。人工栽培时，当发现植丛重量明显增加、叶片繁茂盖满盆面、根系发达且疏松，就可以进行分株，既可以增殖，也可以避免由于资源竞争而导致的幼苗死亡。

图 2-48　小兰屿蝴蝶兰（*Phalaenopsis equestris*）
在花葶长出小苗

第三节
兰花的分类

兰科是被子植物最大的科之一，全世界有 5 个亚科近 880 属 30000 余种，广泛分布于全世界各地。由于其区系的极度复杂性、花部结构对昆虫授粉的高度适应性、与真菌共生关系的特殊性，兰花常被认为是植物演化中进化程度最高的类群。从经典分类时期到今天的分子系统学时代，兰花的分类、起源与演化一直都是研究的热点。历经近 300 年的探索，兰花物种多样性、兰花系统发育关系构建、兰花分类系统建立、兰花性状演化等方面虽然已取得许多重要进展，但相关工作还远没有结束。随着分子系统学的快速发展，当前兰科植物的分类与演化研究仍处于调整期，各类群的系统位置仍在不断变化之中。

一、兰花的分类

1753 年，"现代分类学之父"卡尔·林奈（Carl Linnaeus，1707—1778）发表的《植物种志》将当时已发现的兰花分为 8 个属。这 8 个属中，红门兰属（*Orchis* L.）的名字最值得玩味。*Orchis* 源于古希腊语 ὄρχις，意为"睾丸"，指本属一些种类具成对的、睾丸状的地下块茎。红门兰属作为兰科的模式属，又衍生出兰科（Orchidaceae）、兰花（Orchid）等词语。林奈主要依据雄蕊和雌蕊的个数对植物进行分类，他提出的分类系统属于"人为分类系统"。法国植物学家安东尼·劳伦·德·朱西厄（Antoine Laurent de Jussieu，1748—1836）提倡使用"自然分类系统"，即对植物的各种形态性状做综合的考虑和权重。他最早系统地将显花植物进行了分类，后世的经典分类研究也基本遵循他提出的分类原则。1789年，他的《植物属志》将兰科确立为一个独立的科。

瑞典植物学家奥洛夫·施瓦兹（Olof Swartz，1760—1818）是第一位系统研究兰花分类的专家。1800年，施瓦兹将兰花分为具2枚雄蕊的类群和具1枚雄蕊的类群，并将兰科植物的属增加至25个。同时期的法国植物学家路易斯·克洛德·理查德（Louis Claude Richard）则提出描述兰花的术语。1817年的《欧洲兰花》对兰花的花部构造，尤其是花粉块和合蕊柱，有过详细的描述。

维多利亚时代（Victorian Era，1837—1901），兰花狂热症流行的几十年间，人们的疯狂行为虽对热带美洲和亚洲的兰花资源造成了严重破坏，但客观上却对兰花的多样性和分类学研究起到了促进作用。这一时期，植物学家对兰科植物的研究亦颇有建树。

英国植物学家约翰·林德利（John Lindley，1799—1865）于1827年首次将兰科划分为不同的族（Tribe），其后他花费十年的时间完成巨著《兰科植物属种志》，命名并描述了当时已知的1980种兰科植物，并将其分为4个亚科。林德利因此成为当时最权威的兰花专家，并被后世公认为"兰花分类学之父"。查尔斯·罗伯特·达尔文（Charles Robert Darwin，1809—1882）对兰花同样充满兴趣，他曾出版《兰花的授粉》一书，以兰花为材料研究花与传粉者协同进化，推动物种形成的假说，并提出著名的"达尔文猜想"。此外，英国植物学家乔治·边沁（George Bentham，1800—1884）和德国兰科分类学家恩斯特·雨果·海因里希·普菲策（Ernst Hugo Heinrich Pfitzer，1846—1906）也在这一时期为兰科植物的分类做出了重要贡献。

进入20世纪，基于形态性状的研究和分析，兰科植物研究者提出了许多分类系统，但由于各个学者对性状的理解、选择、权重不尽相同，这些系统在兰科植物的分类处理方面相差较大（表 2-1）。早期被最广泛采用的是德国分类学家鲁道夫·施莱希特（Rudolf Schlechter，1872—1925）的分类系统[1]，他将兰科植物分为 4 个族、80 个亚族。该系统在 1926 年施莱希特去世之后才发表，但在系统的完整性、分类的科学性和命名的规范性上尚存在一定问题。1960 年，美国兰花分类学家罗伯特·杜丝勒（Robert Louis Dressler，1927—2019）和卡拉韦·德森（Calaway H. Dodson，1928—2020）建立了一套新的分类系统，将兰科划分为 2 个亚科［兰亚科（Orchidoideae）、杓兰亚科（Cypripedioideae）］、5 个族［拟兰族（Apostasieae）、杓兰族（Cypripedieae）、鸟巢兰族（Neottieae）、兰族（Orchideae）、树兰族（Epidendreae）］、40 余个亚族；拟兰、树兰两个类群作为族分别归在杓兰亚科、兰亚科之下，而香荚兰类则作为树兰族之下的亚族。此后，杜丝勒将此系统不断更新、改进。美国植物学家莱斯利·安德鲁·葛瑞（Leslie Andrew Garay，1924—2016）在 1972 年也建立了一套分类系统[2]，将兰科划分为拟兰亚科（Apostasioideae）、鸟巢兰亚科（Neottioideae）、杓兰亚科、兰亚科和树兰亚科（Epidendroideae）；香荚兰类被归在鸟巢兰亚科之下。1993 年，兰科植物被划分为拟兰亚科、杓兰亚科、兰亚科、绶草亚科（Spiranthoideae）和树兰亚科，香荚兰类被归在树兰亚科之下；亚科之下包括 22 个族、70 个亚族、850 余属。

20 世纪 90 年代，基于 DNA 序列的分子系统学对兰科植物的分类研究产生了深远影响。1999 年，第一个涵盖大样本量的兰科植物分子系统学研究发表[3]。叶绿体 rbcL 基因分析结果显示：兰科是一个单系类群，分为 5 个单系支（拟兰类、香荚兰类、杓兰类、兰类、树兰类）；香荚兰类为单系分支之一，独立为香荚兰亚

[1] Schlechter R.. Das system der orchidaceen[J]. Notizblatt des königl. botanischen gartens und museums zu Berlin, 1926, (88): 563–591.

[2] Garay L. A.. On the origin of the Orchidaceae, II[J]. Journal of the Arnold Arboretum, 1972, 53(2): 202–215.

[3] Cameron K. M., Chase M. W., Whitten W. M., et al. A phylogenetic analysis of the Orchidaceae: evidence from rbcL nucleotide sequences[J]. American Journal of Botany, 1999, 86(2): 208–224.

科；不支持经典分类系统中的绶草亚科、红门兰亚科和万代兰亚科；对于5个分支之间的关系，该研究未能理清。2003年，Chase[1]等人发表了第一个基于DNA数据分支分析的兰花分类系统，将兰科植物划分为5个亚科：拟兰亚科、香荚兰亚科、杓兰亚科、兰亚科以及树兰亚科，认为拟兰亚科是其他所有亚科的姐妹群，之后依次分支出香荚兰亚科、杓兰亚科、兰亚科和树兰亚科。这一观点被之后的研究所证实[2][3]。然而，直到2006年，香荚兰亚科的位置仍然不确定。兰亚科和树兰亚科明显形成一个单系类群，Dressler认为香荚兰亚科与上述两科的亲缘关系更近。2006年，基于质体基因rbcL和atpB的研究表明杓兰亚科相比香荚兰亚科与上述两科的关系更近。自2006年始，香荚兰亚科和树兰亚科的系统发育研究结果陆续发表，族和亚族的系统发育结果也陆续见刊。

1999年至2014年间，牛津大学出版社陆续发行六卷《兰科属志》。该丛书涵盖了兰科分类领域取得的最准确、全面的成果，每一卷围绕一至两个亚科，对亚科之下每一个属的学名、学名语源、特征、分布、用途和栽培情况等，都有详尽的描述，还同时配有线条图和彩色照片。尤令人称道的是，该丛书虽然采用了过去十多年来积累的DNA测序数据来建立兰科的系统树，但作者十分清楚地认识到，不能过度倚重分子方法，必须将分子证据与性状特征相结合，综合分析和权重。《兰科属志》将兰科压缩至765属，比此前所有现代分类系统所包含的属都要少。

2015年，Chase[4]等人结合最新的研究成果，对科内各类群的系统位置做了进

[1] Chase M. W., Cameron K. M., Barrett R. L., et al. DNA data and Orchidaceae systematics: a new phylogenetic classification[J]. Orchid Conservation, 2003, 69(89): 32.

[2] Cameron K. M.. A comparison and combination of plastid atpB and rbcL gene sequences for inferring phylogenetic relationships within Orchidaceae[J]. Aliso: A Journal of Systematic and Floristic Botany, 2006, 22(1): 447-464.

[3] Givnish T. J., Spalink D., Ames M., et al. Orchid phylogenomics and multiple drivers of their extraordinary diversification[J]. Proceedings of the Royal Society B: Biological Sciences, 2015, 282(1814): 20151553.

[4] Chase M. W., Cameron K. M., Freudenstein J. V., et al. An updated classification of Orchidaceae[J]. Botanical Journal of the Linnean Society, 2015, 177(2): 151-174.

一步修正，采用了与《兰科属志》（*Genera Orchidacearum*）不同的分类方法，将兰族（Orchideae）和万代兰族（Vandeae）都降为亚族，而焚沙兰属（*Pachites*），绒凤兰属（*Holothrix*）和洋萝兰属（*Hederorkis*）的位置仍然悬而未决。Cranichidinae亚族的位置同样充满争议。研究人员将柄唇兰族（Podochileae）一族独立，文心兰亚族（Oncidiinae）、斑叶兰亚族（Goodyerinae）和非洲风兰亚族（Angraecinae）处于系统发育研究中特殊的位置。基部的树兰类群尤其是天麻族（Gastrodieae）类群却鲜有出现在系统发育研究结果中。最后修改通过合并的族、亚族以及外类群，5个亚科下共包括 22 个族、736 个属。

近几年来，随着基因组学和生物信息学的快速发展，研究人员对兰科植物系统发育的认识有了很大的提升。在亚科一级，5 个亚科及其之间的亲缘关系已被确定（图 2-49）；在族一级，大多数族的系统位置也已固定。然而在属的界定和归属问题上，不同学者的观点分歧较大。一些学者倾向于将非单系属细分，划分为更小的单系属，另一些学者则倾向于属的归并，其他则采取中间的观点。如何让分类学的研究结果更加可靠、可接受、可使用，是目前兰科植物分类中最为紧迫的问题。

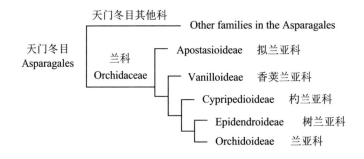

图 2-49　兰科植物亚科水平的系统发育关系

表 2-1　兰科植物主要分类系统科下等级的划分 [1]

亚科	研究学者									
	Dressler and Dodson (1960)	Vermeulen (1966)	Schlechter (1970—1984)	Garay (1972)	Dressler (1981)	Rasmussen (1983)	Balogh and Funk (1985)	Dressler (1993)	Chase et al. (2003)	Chase et al. (2015)
拟兰亚科 Apostasioideae		√	√	√	√	√	√	√	√	√
三蕊兰亚科 Neuwiedioideae							√			
香荚兰亚科 Vanilloideae									√	√
杓兰亚科 Cypripedioideae	Apostadieae Cypripedieae	√	√	√	√	√	√	√	√	√
绶草亚科 Spiranthoideae					√			√		
鸟巢兰亚科 Neottioideae		√	√	√		√		√		
兰亚科 Orchidoideae	√	√	√	√	√	√	√	√	√	√
树兰亚科 Epidendroideae		√	√	√	√	√	√	√	√	√
万代兰亚科 Vandoideae					√	√				

二、常见属类专论

（一）兜兰属（*Paphiopedilum*）

凡是具有硕大的兜形唇瓣和 2 枚可育雄蕊的兰科植物种类统称为拖鞋兰（slipper orchid）。早先拖鞋兰全被放在杓兰属（*Cypripedium*）中，由于体态和花朵的形态差异较大，后又被分为 4 个属：碗兰属（*Selenipedium*）、杓兰属（*Cypripedium*）、兜兰属（*Paphiopedilum*）和美洲兜兰属（*Phragmipedium*）。加上后面发表的新属墨西哥兜兰属（*Mexipedium*），目前拖鞋兰共 5 个属。

---

[1] 金效华, 李建武, 叶德平. 中国野生兰科植物原色图鉴：上卷[M]. 郑州：河南科学技术出版社, 2019.

1886 年，德国植物学家普菲策把产于热带亚洲的、具有二列基生叶的拖鞋兰种类从构兰属中分出来另立新属，即兜兰属。Paphiopedilum 来自希腊文，Paphos 来源于塞浦路斯的一座城市（地中海东部一岛屿，以希腊女神 Aphrodite 闻名，传说她出生于此）；兜兰拉丁属名的另一部分源自古希腊语"pedilon"（鞋）。因该属中的许多种类唇瓣呈囊状，基部具长柄，酷似高贵女性的拖鞋，所以，西方称之为维纳斯的拖鞋，民间也文雅地称之为"仙履"。

兜兰属约有 110 种，它们原产于东南亚、印度次大陆、中国南部、新几内亚、所罗门和俾斯麦群岛。属地生、半附生或附生草本，没有假鳞茎，根状茎不明显或罕见匍匐。茎较短，包藏于二列叶内。叶片数枚，短圆或窄长，上面通常有绿色方格斑块或不规则斑纹，背面有时生有淡红紫色斑点至完全淡紫红色。花序具单朵花或较少多花，从叶丛中长出。花大、奇特、颜色丰富，2 枚侧萼片通常完全合生成合萼片，唇瓣呈深囊状、球形、椭圆形或倒盔形，囊口宽大；蕊柱两侧生有 2 枚可育雄蕊，上方生有 1 枚退化雄蕊，柱头位于蕊柱下方；花粉粉状或带黏性，不黏结成花粉团块。

图2-50　盛开的杏黄兜兰（*Paphiopedilum armeniacum*）

兜兰属是兰科植物中栽培最广、杂交最多的类群之一。人们培育的兜兰杂交品种数以万计，新的兜兰物种也不断被发现和描述。分布在我国的杏黄兜兰（*P. armeniacum*）（图 2-50），麻栗坡兜兰（*P. malipoense*）（图 2-51）、硬叶兜兰（*P. micranthum*）（图 2-52）这三种兜兰一经发现，便凭借斑斓的叶片、硕大的花朵、浑圆的唇瓣，在全世界的园艺

图 2-51　麻栗坡兜兰（*Paphiopedilum malipoense*）

图 2-52　硬叶兜兰（*Paphiopedilum micranthum*）

界引起极大的关注，惊艳了无数园艺爱好者，分别有着"金兜""玉兜""银兜"的雅称。众多兜兰都具有非常高的观赏性。

（二）石斛属（*Dendrobium*）

石斛属属名来源于希腊语 dendron（树）和 bios（生命），意思是住在树上，即"附生"。石斛属是兰科植物中的最大属之一，目前约有 1600 种。其分布横跨亚洲南部、东部和东南部，包括中国、日本、印度、菲律宾、印度尼西亚、澳大利亚、新几内亚、越南和太平洋上的部分岛屿。

石斛属的茎通常丛生，直立或下垂，具节，有时节间膨大成种种形状。茎长从不到 2cm 的小黄花石斛（*D. jenkinsii*）（图 2-53）到长达数米的蜻蜓石斛（*D. pulchellum*）（图 2-54）都有。一些种类的卵圆形叶片在茎上交替互生，另一些则是在茎顶端生长，如蜘蛛石斛（*D. tetragonum*）（图 2-55），叶片基部通常有关节和具抱茎的鞘。花序呈总状或伞状，从茎的中部以上茎节抽出，长度可达 1 米，花的数量从 1—4 朵［如滇桂石斛（*D. scoriarum*）（图 2-56）］到 100 朵不

图 2-53　小黄花石斛（*Dendrobium jenkinsii*）

图 2-54　蜻蜓石斛（*Dendrobium pulchellum*）

图 2-55　蜘蛛石斛（*Dendrobium tetragonum*）

图 2-56　滇桂石斛（*Dendrobium scoriarum*）

等［如晶玉石斛（*D. smillieae*）（图 2-57）］。落叶类石斛茎上的叶子大概会存活 1—2 年时间，之后叶落花开放，如绒毛石斛（*D. senile*）（图 2-58）、红花石斛（*D. goldschmidtianum*）（图 2-59）、圣诞钟石斛（*D. lawesii*）（图 2-60）。常绿类石斛一般在第二年开花，之后数年里仍能开花，如密花石斛（*D. densiflorum*）（图 2-61）。

图 2-57　晶玉石斛 (*Dendrobium smillieae*)

图 2-58　绒毛石斛 (*Dendrobium senile*)

图 2-59　红花石斛 (*Dendrobium goldschmidtianum*)

图 2-61　密花石斛 (*Dendrobium densiflorum*)

图 2-60　圣诞钟石斛 (*Dendrobium lawesii*)

石斛属种类繁多，具有极高的观赏价值和药用价值。石斛的药用价值久负盛名。我国最早的药学著作《神农本草经》谓："石斛，味甘，平，无毒。主伤中，除痹，下气，补五脏虚劳，羸瘦，强阴，久服厚肠胃。轻身，延年，长肌肉，逐皮肤邪热，痱气，定志除惊……"。到了唐代开元年间，《道藏》把石斛列为"中华九大仙草之首"。唐宋的历代皇帝都把石斛列为贡品，视为至宝，素有"软黄金""救命仙草"之称。金钗石斛（*D. nobile*）（图2-62）、铁皮石斛（*D. officinale*）（图2-63）、鼓槌石斛（*D. chrysotoxum*）（图2-64）等药用石斛被用作药材而广泛栽培和推广。石斛属植物的观赏价值也极高，它们姿态优美、花色多样，深受兰花爱好者的喜爱。

图2-62　金钗石斛（*Dendrobium nobile*）

图 2-63　铁皮石斛（*Dendrobium officinale*）

图 2-64　鼓槌石斛（*Dendrobium chrysotoxum*）

（三）蝴蝶兰属（*Phalaenopsis*）

蝴蝶兰属属名源于希腊语 phalaino（蝙蛾）、opsis（外形好似），意为外形好似蛾类。蝙蛾属（*Phalaena*）拉丁名原是林奈为一类体型较大的蛾子所拟定，而蝴蝶兰属的花就像正在飞行的蛾子，因此得名。蝴蝶兰属的英文通俗名为"moth orchids"（蛾兰）。蝴蝶兰属原产东南亚至澳洲东北部，约有 80 种，热带亚洲至澳

图2-65　大叶蝴蝶兰（*Phalaenopsis violacea*）盛花期

图2-66　大叶蝴蝶兰（*Phalaenopsis violacea*）花期末尾，花瓣颜色渐变成黄绿色

图2-67　大叶蝴蝶兰去年生花（未枯萎掉落）

大利亚北部均有分布。

蝴蝶兰属植物茎短，单轴式生长。叶片质地厚，扁平，通常呈椭圆形，交互生于茎基部。总状或圆锥状花序侧生于茎的基部，具少数至多数花；花完全开放，十分美丽，花期较长，室内的花期可长达3个月。由于维持花的正常代谢需要消耗较多能量，因此昆虫传粉后，花瓣通常会自然枯萎凋谢。有趣的是，蝴蝶兰属中个别种类在传粉后，花瓣和萼片并没有发生程序性细胞死亡，而是产生叶绿体，花开始变绿，像叶片一样开始进行光合作用。如原产苏门答腊岛的大叶蝴蝶兰（*P. violacea*）的花序边生长边开花，不断伸长，初开时花为玫红色，花期长达3个月，花不枯萎掉落，渐变成黄绿色，行使叶子的功能（图2-65到图2-67）。

蝴蝶兰比其他兰科植物适应性更强，因此蝴蝶兰是大多数养兰新手的第一选择。由于色彩丰富、花形奇特、花期较长以及人工栽培和繁殖较易，蝴蝶兰深得人们的喜爱（图2-68至图2-71）。如今市场上的蝴蝶兰，大多为

图2-68　华西蝴蝶兰（*Phalaenopsis wilsonii*）

图2-69　阿嬷蝴蝶兰（*Phalaenopsis amabilis*）

图 2-70　帕氏蝴蝶兰（*Phalaenopsis parishii*）

图2-71　版纳蝴蝶兰（*Phalaenopsis mannii*）

园艺品种，人们利用极易杂交的蝴蝶兰培育出大量颜色丰富、形态各异的杂交品种，颇受欢迎。

（四）兰属（*Cymbidium*）

兰属（*Cymbidium*）约86种，分布于热带和亚热带亚洲，南至巴布亚新几内亚和澳大利亚，近90%种类在中国有分布。兰属植物属附生或地生，罕见腐生；假鳞茎通常呈卵球形、椭圆形或梭形。叶数枚，二列，通常带状，基部有关节。总状花序从最近的假鳞茎上长出，具多花，较少为单花。花中等大，萼片与花瓣离生，唇瓣3裂；蕊柱两侧有翅，花粉团2个，有深裂隙，或4个而形成不等大的 2 对，蜡质，以很短的、弹性的花粉团柄连接于近三角形的黏盘上。

　　兰属是兰科植物中最具观赏价值的类群之一。地生种类，如春兰（*C. goeringii*）（图 2-72）、蕙兰（*C. faberi*）、寒兰（*C. kanran*）（图 2-73）、建兰（*C. ensifolium*）（图 2-74）、墨兰（*C. sinense*）（图 2-75）、莲瓣兰（*C. tortisepalum*）（图 2-76）等是我国的传统观赏名花，在我国有悠久的栽培历史。国兰一般指的也是这类，

图 2-72　春兰（*Cymbidium goeringii*）

图 2-73　寒兰（*Cymbidium kanran*）

图 2-74　建兰（*Cymbidium ensifolium*）

图 2-75　墨兰（*Cymbidium sinense*）重瓣品种

在韩国、日本、印度、泰国和越南地区也有分布。此类兰花的叶片挺拔飘逸，花朵幽香典雅，深得亚洲人的喜爱。在维多利亚时代，国兰被引入欧洲，受到欧洲上层社会的喜爱。

兰属大花附生种类，如虎头兰（*C. hookerianum*）（图 2-77）、黄蝉兰（*C. iridioides*）（图 2-78）、独占春（*C. eburneum*）（图 2-79）等也受到很大的重视，在 20 世纪初期就被视为名花。以大花种类为亲本，杂交培育出来的大花蕙兰品种系列近千种，是当今花卉市场上最受欢迎的品类之一，在全球花卉产业中占有重要位置。

图 2-76　莲瓣兰（*Cymbidium tortisepalum*）

图 2-77　虎头兰（*Cymbidium hookerianum*）

图 2-78　黄蝉兰（*Cymbidium iridioides*）

图 2-79　独占春（*Cymbidium eburneum*）

（五）万代兰属（*Vanda*）

万代兰属属名来源于印度梵语 Vanda，本义是"附着在大树上"。正如这一属名的含义一样，万代兰是典型的附生兰，万代兰属广泛分布于热带亚洲至新几内亚和澳大利亚，约有 90 种。万代兰植株直立向上，茎粗壮，质地坚硬，单轴生长，直立或斜立，少有弧曲上举的，下部节上有发达的气生根。叶棒状或皮带状，厚革质，嫩绿色，常扁平带状，二列紧密排列，中部以下常多少对折呈"V"字形，叶片先端具不整齐的缺刻或啮蚀状。万代兰的总状花序从叶腋发出，花朵十朵以上；花瓣呈圆形、长形或三角形等；萼片和花瓣近似，或萼片较大；唇瓣贴生在不明显的蕊柱足末端，3 裂；花形多样，或反曲扭转，或圆而扁平；花色艳丽多彩，有黄褐色、白色、绿色、橙色、蓝色、红色和深紫红色等（图 2-80 至图 2-83）；花质地较厚，边缘多少内弯或皱波状，多数具方格斑纹。

图 2-80　矮万代兰（*Vanda pumila*）

图 2-81　纯色万代兰（*Vanda subconcolor*）

奇特的花形、鲜艳的色彩、持久的花期使得万代兰颇受欢迎，成为市场上常见的观赏性兰花，也是兰科植物园艺上最重要的五个属之一。自然状态下，兰科植物中具有蓝色花的种类非常稀有，大花万代兰（*V. coerulea*）是极少数具有蓝色花的兰科植物之一，这一特性让万代兰成为兰花种间和属间杂交的重要亲本，为兰花育种提供了更多可能性。

图 2-82　大花万代兰（*Vanda coerulea*）

图 2-83　小蓝万代兰（*Vanda coerulescens*）

我国有关兰花栽培的最早文献《植兰说》中有这样的记载，"或植兰荃，鄙不遄茂。乃法圃师汲秽以溉，而兰净荃洁，非类乎众莽。苗既骤悴，根亦旋腐"，指出了兰花不同于大众植物，不能用种植其他植物的方法去种植（当然这里说的"兰花"是指国兰，属于兰科兰属植物）。兰花如此"出类拔萃"，以至于让许多人对养兰"敬而远之"。那么，兰花的栽培真的如此困难吗？养兰重在"养气"，遵循自然规律正确养兰是关键。正如人类一样，只有遵循自然的规律作息、饮食、运动，才能有满满的元气，任何一个环节受到影响，都将损伤人的元气。当你充分掌握各类兰花的生长习性、物候特点和生长环境的自然规律，再根据这些自然规律去选择或改进兰花的栽培方法与措施，你会发现，兰花生长得越来越有生气，养兰其实很容易。

第三章

兰之栽培　养气为上

第一节
兰花的繁殖方法

自然界中，兰花主要通过种子萌发或植株自身克隆繁殖来繁衍后代。人工培育中，常用的兰花繁殖方法有营养繁殖法、播种繁殖法和组织培养法。

一、营养繁殖法

营养繁殖法主要包含分株繁殖、扦插繁殖、高芽繁殖和珠芽繁殖等利用营养器官进行繁殖的方法，属于无性繁殖，可以保持母本的优良性状，有繁殖苗成活率高、获取成苗快的特点，适用于兰花的家庭种植、植物园珍稀濒危物种的保育和兰花规模化生产的辅助繁殖。

（一）分株繁殖

分株繁殖法也称分盆法，即将生长多年繁殖出许多新植株的兰花株丛拆分出一丛（株）至几丛（株），分别重新上盆种植。分株繁殖法是兰花家庭种植中最常用的方法，此方法操作简便，成活率高，可以避免株丛过度拥挤而影响植株个体的生长，分株后有利于母株和子株形成新的株丛。

分株时，双手轻柔按压花盆，使基质和根系脱离盆壁；手执兰花基部，倒托花盆，将花盆脱离植株；轻轻揉松基质，使基质从根系上脱落，尽量保护根系不受损伤；选出欲分离的株丛后，向前或向后扭转90°使株丛从母株上分离（图3-1、

图 3-2），若较难分离，可用经消毒的剪刀或刀片进行切割；对含有根状茎的兰花进行分株时，可用经消毒的剪刀从根状茎处将株丛剪切下来；为防止切口感染，可将分离出的株丛切口置于多菌灵 1000 倍液或高锰酸钾 800—1000 倍液中浸泡 30 分钟，置于阴凉处待自然风干后进行上盆种植。

图 3-1　带叶兜兰（*Paphiopedilum hirsutissimum*）图 3-2　紫纹兜兰（*P. purpuratum*）分株繁殖过程中对株丛进行分离

（二）扦插繁殖

兰花的扦插繁殖法指将兰花的假鳞茎分成若干节茎段进行扦插，各节茎段萌发新芽形成新个体的过程。扦插繁殖法通常应用于假鳞茎具明显节的兰花繁殖，如石斛属（*Dendrobium*）、香荚兰属（*Vanilla*）等兰花。

以深圳香荚兰（*Vanilla shenzhenica*）为例，深圳香荚兰的扦插繁殖时间选择在其休眠期即将结束、生长期即将开始的冬末春初时期，此时气温未回升，植株新芽尚未萌发，植株养分积累充足，扦插后，植株即可进入生长期，新芽顺势萌发，可有效提高扦插成活率。扦插步骤如下：选择成熟植株，用经消毒的剪刀在茎节间将植株剪切成 8—10cm 的茎段，每个茎段至少有一节，节上着生一叶（图 3-3）；将茎段置于多菌灵 1000 倍液或高锰酸钾 800—1000 倍液中浸泡 30 分钟，取出放于阴凉通风处 3—5 天，自然晾干茎段上的水分；将茎段以生长点向上的方向插入栽培基质中，出芽节部与基质持平或稍高出基质表面（图3-3）；扦插后，保持基质湿润，待花盆的上层1/3基质变干后，及时补充水分，浇水时避免水分触碰茎段上的切口。一个月左右，茎段节部即可抽出新芽（图3-4）。

图3-3　深圳香荚兰（*Vanilla shenzhenica*）的扦插茎段

图3-4　深圳香荚兰（*Vanilla shenzhenica*）的扦插苗

（三）高芽繁殖

部分兰花会在次年生的假鳞茎节上长出带根的新芽，称之为高芽，如部分石斛属（*Dendrobium*）（图3-5）和羊耳蒜属（*Liparis*）（图3-6）植物，均会产生高芽现象；还有一些兰花会在开过花的花梗上长出高芽，如蝴蝶兰属（*Phalaenopsis*）植物（图3-7）。形成的高芽带有根系，可直接用于种植。石斛属植物的高芽通常长至10—15cm时可摘取，羊耳蒜属的见血青（*Liparis nervosa*）在高芽具2片展开叶、

图3-5　兜唇石斛（*Dendrobium aphyllum*）的高芽

图3-6　见血青（*Liparis nervosa*）的高芽

图3-7　蝴蝶兰花梗上的高芽

带 3—4 根时可摘下，蝴蝶兰属植物在高芽长至 3—5 叶、带 2—3 根时可摘下。摘取时轻轻将高芽从植株假鳞茎节处剥离或用经消毒的刀片将高芽切下即可。高芽繁殖栽培成活率高，操作简便，但繁殖的新个体数量较少，不适用于兰花的大规模生产。

（四）珠芽繁殖

珠芽指植株上形成的贮藏养料、形态肥大、落地后能发育成新个体的芽，也称小鳞茎。兰花的珠芽繁殖指将假鳞茎上着生的珠芽与母体分离，使其萌发成芽并发育成新个体的繁殖方式。通过珠芽繁殖形成的植株个体有限，且较少兰花种类有珠芽现象，是兰花繁殖中较少应用的繁殖方法。目前在兰科植物中发现珠芽羊耳蒜（*Liparis vivipara*）存在珠芽现象。珠芽羊耳蒜在花朵凋谢后开始进入休眠期，此时植株顶部会形成 1—2 个绿色的小珠芽，当珠芽长大至直径 1—2cm，且珠芽由绿转至紫黑色时，即可将珠芽从母体上摘取下来（图 3-8、图 3-9），将珠芽正立插入栽培基质至珠芽 1/2 处，待生长期到来，珠芽节部抽出新芽，新芽萌发根系，根系扎入基质中，形成新的个体（图 3-10）。

图 3-8　珠芽羊耳蒜（*Liparis vivipara*）植株图　　图 3-9　珠芽羊耳蒜（*Liparis vivipara*）的珠芽　　图 3-10　珠芽羊耳蒜（*Liparis vivipara*）的珠芽抽生出新芽

二、组织培养

兰花的组织培养是指将兰花植株上分离出的器官、组织或细胞，放置于含有营养物质和植物生长调节物质等的培养基中，使其生长、分化，形成完整植株的过程[1]。通过组织培养可以快速获得大批性状稳定的兰花繁殖苗，组织培养在观赏兰花和药用兰花的规模化生产及兰花新品种培育工作中都有广泛的应用。

（一）兰花组织培养仪器设备

兰花组织培养需要使用的仪器设备通常可以分为三类，即在培养基配制、接种、组培苗培养不同阶段需要用到的仪器设备。配制培养基时需要使用的仪器设备主要有高压灭菌锅、培养基灌装机、榨汁机、电子天平、酸度计、组培瓶、量筒、烧杯、玻璃棒等；接种时使用的仪器设备主要有超净工作台、紫外线杀菌灯、接种器械灭菌器、接种盘、枪镊、解剖刀、接种器械放置架、试剂瓶、酒精灯等；组培苗培养室的仪器设备主要包括培养架、空调、加湿器、除湿机、臭氧发生器、温湿度计、照度计等。

（二）培养基的选配

培养基是根据植物生长的需求，人工配置的含有植物生长所需各种营养成分的养料，是培养材料赖以生长的基础。培养基不是固定不变的，需要根据培养材料的特点和组培的目的选择适宜的培养基。兰花组织培养中常用的培养基有 MS 培养基、花宝培养基、KC 培养基、VW 培养基、B5 培养基、WH 培养基等（表 3-1），其中 MS 培养基、KC 培养基和花宝培养基是目前兰花组织培养应用最广泛的三种培养基。

---

[1] 彭星元. 植物组织培养技术[M]. 北京: 高等教育出版社, 2006.

表 3-1　几种兰花常用培养基的配方

单位: mg/L

成分	MS (1962)	KC (1946)	B5 (1968)	VW (1949)	WH (1943)
NH_4NO_3	1650	—	—	—	—
KNO_3	1900	—	2527.5	525	80
$(NH_4)_2SO_4$	—	500	134	500	—
KCl	—	—	—	—	65
$CaCl_2 \cdot 2H_2O$	440	—	150	—	—
$Ca(NO_3)_2 \cdot 4H_2O$	—	1000	—	—	300
$MgSO_4 \cdot 7H_2O$	370	250	246.5	250	720
Na_2SO_4	—	—	—	—	200
KH_2PO_4	170	250	—	250	—
$FeSO_4 \cdot 7H_2O$	27.8	25	—	27.8	—
Na_2-EDTA	37.3	—	—	37.3	—
Na-Fe-EDTA	—	—	28	—	—
$Fe_2(SO_4)_3$	—	—	—	—	2.5
$MnSO_4 \cdot 4H_2O$	22.3	7.5	10	7.5	7
$ZnSO_4 \cdot 7H_2O$	8.6	—	2	—	3
$CoCl_2 \cdot 6H_2O$	0.025	—	0.025	—	—
$CuSO_4 \cdot 5H_2O$	0.025	—	0.025	—	—
$Na_2MoO_4 \cdot 2H_2O$	0.25	—	0.25	—	—
KI	0.83	—	0.75	—	0.75
H_3BO_3	6.2	—	3	—	1.5
$NaH_2PO_4 \cdot H_2O$	—	—	150	—	16.5
$Ca_3(PO_4)_2$	—	—	—	200	—
$Fe_2(C_4H_4O_6)_3 \cdot 2H_2O$	—	—	—	28	—
烟酸	0.5	—	1	—	0.5
盐酸吡哆醇（VB6）	0.5	—	1	—	0.1
盐酸硫胺素（VB1）	0.1	—	10	—	0.1
肌醇	100	—	100	—	—
甘氨酸	2	—	—	—	3

根据培养材料的特点和组织培养的目的选择适宜的培养基后，还需要在培养基中添加一些其他的物质，如生长调节物质、蔗糖、琼脂、天然复合物（如马铃薯泥、香蕉泥、椰乳）、活性炭等。其中，生长调节物质在组织培养中发挥着关键的作用。兰花的组织培养中最常用的生长调节物质有 6- 苄基腺嘌呤（6-BA）、萘乙酸（NAA）和吲哚-3-丁酸（IBA）。6-BA 可促进细胞分裂和分化，促进种子萌发，诱导胚状体的形成，常用于兰花原球茎的增殖培养；NAA 和 IBA 均可促进细胞分裂和伸长，用于生根培养，与细胞分裂素互相作用可促进茎芽的增殖和分化，促进种子萌发，常用于诱导兰花种子的萌发和原球茎的分化（表 3-2）。

表 3-2　兰花不同培养基中生长调节物质的使用情况

培养基类型	功能	生长调节物质（mg/L）	
		6-BA	NAA
萌芽培养基	诱导种子萌芽	—	1
增殖培养基	诱导原球茎增殖	0.5	—
分化培养基	诱导原球茎分化	0.2	0.5
壮苗培养基	促进幼苗茁壮生长	0.4	0.2

（三）外植体的选择

外植体是指植物组织培养中作为离体培养材料的器官或组织的片段。在继代培养时，会将培养的组织切段移入新的培养基，这种切段也称外植体。兰科植物常用的外植体有茎（侧芽、顶芽、腋芽、高芽）、花（花梗顶芽、花梗节处侧芽、花梗节间组织）和嫩叶（第一片叶）等（表 3-3）。其中，各类芽上的分生组织具有最强的诱导分化能力，是兰花组织培养中最常用的外植体。

表 3-3[1]　　几种兰花用于生产组织培养苗的外植体

种类	新芽茎尖	新芽侧芽	休眠芽	茎潜在芽	花茎腋芽	花茎顶芽	新叶	根	花器官
卡特兰	√	√	√			√	√		√
蝴蝶兰	√	√	√	√	√	√	√		
文心兰	√	√	√	√	√	√			√
石斛兰	√	√	√	√	√				
大花蕙兰	√	√	√						
兜兰	√	√	√						
万代兰	√	√		√	√				

（四）外植体的灭菌

外植体的灭菌是提高外植体组培成活率的关键。不同的兰花类群、不同部位的外植体所采用的消毒试剂、浓度和处理时间有所不同。兰花外植体灭菌时常用的消毒试剂有酒精、次氯酸钠等，灭菌时应根据外植体的特点，通过控制消毒试剂的浓度和外植体浸泡时间，在达到消毒目的的同时尽可能不损伤外植体。下面以蝴蝶兰为例，介绍茎尖、新叶和花茎外植体的灭菌方法。

茎尖外植体的灭菌方法：将除去叶片的茎用自来水冲洗 3—5 分钟，在超净工作台上，将茎尖外植体置于 10% 的次氯酸钠溶液中浸泡 15 分钟进行表面灭菌，除去叶尖部分叶原基，仅保留上部 1—2 个叶原基，再将茎尖置于 5% 的次氯酸钠溶液中浸泡 10 分钟，消毒结束后用无菌水冲洗 5 次 [2]。

新叶外植体的灭菌方法：将新叶外植体放于自来水下冲洗 3—5 分钟洗去叶片表面的灰尘，在超净工作台中，将叶片置于 75% 的酒精中浸泡 10—15 秒对叶片表面进行灭菌，随后将叶片转移至 1% 的次氯酸钠溶液中浸泡 20—22 分钟，其间不断摇晃，使次氯酸钠溶液充分接触叶片外植体，消毒结束后用无菌水冲洗外植

[1][2]　陈宇勒. 兰花繁育技术图解[M]. 广州: 广东科技出版社, 2009.

体 3—5 次。

花茎外植体的灭菌方法：把尚未形成花苞的花梗切割成包含 1 个茎节的 4—5cm 茎段，将茎段外植体放于自来水下冲洗，在超净工作台中，将茎段浸泡于 75% 的酒精中 5—10 秒，其间摇晃数次后倒掉酒精；用无菌水冲洗后，浸泡于 1% 的次氯酸钠溶液中 5—10 分钟，其间摇晃数次。若外植体偏嫩，浸泡时间可在范围内缩短些；若外植体偏老，浸泡时间可在范围内偏长些。最后倒掉次氯酸钠溶液，用无菌水冲洗 5 次（图 3-11）。

花茎切成4—5cm带节茎段

茎段在自来水下冲洗

加入75%的酒精溶液，静置5—10秒

其间摇晃数次

倒掉酒精溶液，用无菌水冲洗一遍

加入1%的次氯酸钠溶液，静置5—10分钟

其间摇晃数次

倒掉次氯酸钠溶液，用无菌水冲洗5遍

图 3-11　蝴蝶兰花茎茎段的消毒过程

（五）外植体的接种

外植体经灭菌后，需接种于培养基上。以快速繁殖为目的的组织培养，一般切取茎尖外植体1.5—2mm（带一两个叶原基），叶子0.5cm×0.5cm—1cm×1cm（叶中部），根尖0.5—1.0cm，花梗1—1.5cm（一个节）为宜（图3-12）。

图3-12　茎尖（a）、叶片（b）、根尖（c）和花茎（d）外植体的接种

（六）培养物转接

兰花的外植体接种于培养基上后，外植体开始脱分化形成愈伤组织，愈伤组织逐渐分化成原球茎。原球茎数量增多，出现相互挤压的情况，此时则需要及时转接原球茎，开始继代培养。

继代培养通过对原球茎进行多次分离转接至增殖培养基中，使原球茎数量不断增加，最终得到大量的原球茎。转接原球茎时需要在超净工作台上进行，用枪镊把原球茎夹出放于托盘上，并用解剖刀和枪镊将原球茎团块分离成2—3mm的小团块，然后把这些块状组织转接入新的增殖培养基中进行增殖培养。

通过继代培养增殖出的原球茎最终需要分化成幼苗，将最后一次增殖的原球茎团块取出，分离成1—2mm的小团块，转接至分化培养基中，诱导原球茎分化成幼苗。大部分兰花种类形成原球茎后经60—90天即可分化形成幼苗。

当幼苗长至1.5—2cm高、带2—3片叶时，即可将幼苗转接至生根壮苗培养基，促使幼苗健壮生长（图3-13）。用解剖刀拆分幼苗株丛成单株苗或2苗的小株丛（图3-13d）。用枪镊轻轻夹取幼苗，正立将其根系插入培养基中（图

3-13e）。如果幼苗的根系过长不便于将其种植于培养基中，可用解剖刀在接种盘上切割幼苗根系至1—1.5cm后再将根系插入壮苗培养基中。

消毒盛苗的托盘	组培瓶开盖前消毒	取出幼苗
拆分幼苗	接种幼苗	接种器物使用过程中消毒
组培瓶封口	幼苗转接完成	

图 3-13　幼苗的转接过程

（七）组培苗管理

外植体接种于培养基上后需要置于培养室进行培养（图 3-14）。培养室的环境应严格从温度、湿度、光照、通气性这4个方面来管控，其中任何一个因素管控不当均会影响培养物的正常生长。

图 3-14　培养室中的组培苗

温度　培养室的温度通常通过空调来控制。培养室的温度应保持在22—28℃范围内；也有一些兰科植物需要较低的温度才能萌发。

湿度　培养室的空气湿度控制范围需要结合培养容器的类型来设定。若培养容器通气性良好，可以调节培养室空气湿度至70%—80%；若培养容器通气性欠佳，则可以调节空气湿度至40%—60%。在放置有空调的培养室，空气湿度一般可以达到40%—50%。

光照　培养室的光照控制因素主要有光照时间、光照强度和光质。适宜的光照时间为12—14h/d，适宜的光照强度范围为1600—2200Lux。光质通常指不同波长的光波。光质对愈伤组织的诱导、培养组织的增殖及器官的分化均有明显的影响[1]。一般组培室选用的白色荧光灯即可以满足兰花培养物的需求；而有一些兰科植物种子则需要暗培养才能萌发长成幼苗。

通气性　兰花在组培过程中会消耗培养容器中的氧气，产生二氧化碳和乙烯等气体，需要及时更新培养容器中的气体。可通过使用带有棉花塞孔或滤气膜的瓶盖来增加培养容器内的通气性。培养基内可添加活性炭来增加培养基的通气性。

---

[1] 沈海龙.植物组织培养[M].北京：中国林业出版社,2005.

（八）组培苗上盆

幼苗经生根壮苗培养后，长到3—5cm高，具3—5片叶、2—3条根时，即可进行炼苗。将瓶苗放置于遮光85%的荫棚下，在自然条件下炼苗20—30天（图3-15）。炼苗完成后，将幼苗从瓶内取出，洗净根系，用1000倍的甲基托布津或多菌灵溶液浸泡消毒2—5min（图3-16），晾干植株表面附着的水分后进行种植（图3-17）。

图3-15　组培苗的炼苗　　　　图3-16　组培苗的消毒

图3-17　组培苗的上盆种植

三、播种繁殖

兰花的播种繁殖是通过用兰花种子进行播种来繁育种苗。播种繁殖为有性繁殖，可以最大限度地维持物种的遗传多样性。兰花种子数量庞大，通常在一个兰花蒴果中就含有几十万到上百万粒细如尘埃的种子，最多的每个果实可达四百多万粒种子[1]（图3-18），通过播种繁殖方式可以快速获得大批量的兰苗。兰花的种子没有胚乳，在自然环境下，需要依赖其生长环境中特定的共生真菌提供营养来促进其萌发和生长。生产上，通常将兰花种子播种于人工培养基上，依靠培养基为其提供萌发和生长所需营养，通过培养基进行种子萌发的方法也属于组织培养。兰花的组培播种繁殖根据是否有共生真菌参与萌发过程分为无菌播种繁殖和共生播种繁殖。

图3-18　细如尘埃的兰花种子

注：a：开裂状态下的黄兰（*Cephalantheropsis obcordata*）果荚　b：美冠兰属（*Eulophia*）的种子　c：纹瓣兰（*Cymbidium aloifolium*）的种子　d：大花万代兰（*Vanda coerulea*）的种子　e：多花脆兰（*Acampe rigida*）的种子　f：竹叶兰（*Arundina graminifolia*）的种子

（一）无菌播种繁殖

无菌播种繁殖是把兰花适龄种子播种于人工无菌培养基上，由培养基为其提供所需营养促进其萌发和生长的繁殖方式。大部分兰花通过无菌播种繁殖方法都能成功萌发和生长。

当采摘的兰花蒴果未开裂时，无须处理蒴果内的种子，仅处理蒴果即可。处理时，用清水冲洗蒴果表面的尘土，并用洗洁精轻轻刷洗蒴果表面的污垢。在超净工作台中将洗刷干净的蒴果放入 75% 的乙醇中浸泡 3—5min，时而摇晃；用枪镊将已经消毒处理的兰花蒴果浸泡于 95% 的乙醇中 3s 后夹出，在酒精灯上灼烧 1—

[1] 高江云, 刘强, 余东莉. 西双版纳的兰科植物多样性和保护[M]. 北京：中国林业出版社, 2014.

2次；用解剖刀切开蒴果顶部，用枪镊夹取蒴果基部，将种子均匀撒播于培养基上。播种密度以每粒种子都能接触到培养基为宜（图3-19）。

刷洗果荚表面的污垢　　75%乙醇中浸泡3—5 min　　95%乙醇浸泡3s后夹出

置于酒精灯上灼烧1—2次　　灼烧果荚　　切开果荚

准备培养基　　解剖刀和镊子的消毒　　将种子刮落于培养基上

盖上瓶盖　　瓶口贴上封口膜　　完成播种

图3-19　未开裂果荚的消毒和播种

当采集到的兰花蒴果已经成熟开裂时，需要对种子进行消毒处理。在超净工作台中，准备好经高压蒸汽灭菌的漏斗和滤纸，将滤纸折放于漏斗中，种子数量较多时可分装入多个漏斗；将兰花种子倒在滤纸上，用滴管加入 10% 的次氯酸钠溶液对种子进行消毒，滤液滤出后再次添加 10% 的次氯酸钠溶液，如此浸泡过滤 5—7min；用滴管将无菌水注入滤纸上对种子进行滤洗，重复滤洗 5 次；准备好播种的培养基，将种子均匀地播撒于培养基上（图 3-20）。

将种子倒在滤纸上，加入10%的次氯酸钠溶液

对种子进行分装消毒

用蒸馏水滤洗种子

准备培养基

从滤纸上挑取少量种子

将种子播于培养基上

盖上瓶盖

轻轻摇晃，完成播种

图 3-20　开裂果荚种子的消毒和播种

兰花的种子播种后，种子开始膨胀、转绿，种子继续膨大，种胚突破种皮，大部分兰花种子的种胚通常会在30—60天内突破种皮，形成原球茎，有些兰花的种子则需要更长的时间。原球茎的增殖、转接（图3-21）、分化、壮苗（图3-22）、炼苗、出瓶操作方法与本节第二部分所述方法相同。

原球茎组培瓶开封后瓶口的消毒　　　　接种瓶器的消毒

取出原球茎　　　　将原球茎转接于新的组培瓶中

接种器械消毒、组培瓶封口前消毒　　原球茎转接完成

图3-21　原球茎的转接过程

图 3-22　蝴蝶兰播种繁殖中的原球茎、幼苗和壮苗阶段

（二）共生播种繁殖

虽然大部分兰花种类通过无菌播种方法都能成功萌发和发育，但是也会存在一些兰花的种子在无菌培养基条件下难以萌发或萌发率低的情况，需要采用共生播种方法。共生播种方法是指通过把从兰花菌根、真菌诱捕原球茎或生长环境中分离得到的能够促进兰花种子萌发或幼苗生长的有效共生真菌接种到人工培养基中，从而提高种子萌发率、促进幼苗生长的方法。共生播种繁殖可缩短幼苗生长过程、降低生产成本、提高幼苗回归到自然环境中的成活率和幼苗生长速度[1]。兰花种子共生播种繁殖技术的应用，在珍稀濒危兰花的回归及药用兰花的仿野生栽培等方面都有巨大的潜在价值[2]。

[1] Johnson T. R., Stewart S. L., Dutra D., *et al*. Asymbiotic and symbiotic seed germination of *Eulophia alta* (Orchidaceae)—preliminary evidence for the symbiotic culture advantage[J]. Plant Cell, Tissue and Organ Culture, 2007, 90(3): 313-323.

[2] 高江云, 刘强, 余东莉. 西双版纳的兰科植物多样性和保护[M]. 北京: 中国林业出版社, 2014.

第二节
兰花的栽培管理

兰花在长期的进化历程中，很多种类已进化出发达的根系（图3-23）、粗壮的假鳞茎（图3-24a、b）、厚革质和肉质的叶片（图3-24c、d）等，这些性状使兰花自身可以抵抗较长期的恶劣环境，并没有传闻中那么"娇气""难养"。实际上，栽培兰花的困难在于正确了解兰花的生活习性，并为它们打造与原生境相同的栽培环境，让兰花更快适应栽培环境，最终达到模仿野外生境而优于野外生境的栽培环境。

图3-23 兰花发达的根系

图3-24 兰花粗壮的假鳞茎和厚革质、肉质的叶片

注：a：玫瑰宿苞兰（*Cryptochilus roseus*）的假鳞茎 b：玫瑰石斛（*Dendrobium crepidatum*）的假鳞茎
c：革叶石豆兰（*Bulbophyllum xylophyllum*）的叶片 d：深圳香荚兰（*Vanilla shenzhenica*）的叶片

一、兰花的栽培设施

适宜的栽培设施营造出的栽培环境对兰花的生长至关重要。选择栽培设施应综合考虑使用目的、地理区域、服务对象、经济成本等因素。

（一）户外栽培

兰花定植于户外（图3-25），基本上没有抵抗恶劣环境的保护设施，兰花的生长多依赖定植区域的自然环境。因此，要求栽培场所的环境高度适合兰花的生长，要与兰花的原生境高度相似，即遵循气候相似性原则。户外栽培常用

图3-25　户外场所

于植物园、公园的兰花造景种植和药用兰花的仿野生栽培等。户外栽培要求种植人员对兰花的生长习性有充分的了解，通过合理利用栽培场所植被冠幅、光照强度和方向、水文条件、土壤质地、附主类型等现有条件来打造最适合兰花的生长环境。

（二）家庭兰室

家庭兰室是广大养兰人士常选择的栽培场所，可以满足爱兰人士与兰花朝夕相处的养兰和赏兰意愿。家庭兰室常位于东或东南方向的阳台、庭院和屋顶这些采光较好、空气流通的场所，既可以使兰花接受清晨柔和的阳光，又可以避免西晒时的强烈阳光及其引起的高温环境。夏季日照强烈、气温偏高时，无遮挡的屋顶、庭院或阳台需要拉设遮阳网，增加风扇设施加速兰室内的空气流通；冬季温度偏低时，可以在兰室外覆盖保温膜，同时可适当增加空调或暖气设备，或者选择在庭院或屋顶的兰室内生火盆来提高兰室内的温度。

（三）荫棚

荫棚（图3-26）多为一些顶部遮阳挡雨、四面无遮挡的设施。该设施可以为兰花遮挡强烈的阳光和风雨，四面透风，空气流通。该设施建造结构简单，基本可以满足兰花生长的要求，是我国南方地区较为常用的一种兰花栽培设施。

图3-26　荫棚

（四）塑料大棚

塑料大棚（图3-27）是可以抵御自然灾害的一种简易实用的兰花栽培设施。塑料大棚上通常拉设有遮阳网，是一种适合南北地区的兰花栽培设施。塑料大棚在建造时应配备侧窗、天窗、风扇、通风口等通风设施，防止夏季炎热时期由于通风不良导致棚内温度偏高、湿度过大的情况。

图3-27　塑料大棚

（五）传统玻璃温室

传统玻璃温室（图3-28）是以玻璃为采光材料的温室，集合了采光、遮光、保温、降温、通风等功能。相对于塑料大棚，传统玻璃温室机械化程度更

图3-28　玻璃温室

高，可以机械化控制温室内的遮阳设备、保温设备、通风系统和湿帘系统等，能有效调节温室内的环境，在兰花的规模化生产中有广泛的应用。

（六）智能温室

智能温室（图 3-29）是玻璃温室中的高级类型，该温室拥有环境控制系统，可以自动控制温室环境内的光照度、温度、湿度、水肥、CO_2 浓度等多种因素。智能温室的环境控制系统由数据采集系统、中心计算机、设备控制系统三部分组成。通过在温室中

图 3-29　智能温室

配置一系列的传感器来采集数据，采集得到的数据将上传到中心计算机，中心计算机根据采集到的数据和目标参数进行计算后制定出控制决策，然后将控制决策传输给设备控制系统，设备控制系统执行决策，达到智能控制环境的目的。智能温室克服了传统温室的环境控制过多依赖于人的主观判断的缺陷，能客观、高效、精准地控制温室环境，在兰花的栽培中有越来越广泛的应用。

二、兰花的栽培方式

很多人会认为，兰花和其他植物一样都是生长在土里的。其实不然，兰花根据生长方式的不同可分为附生兰、地生兰和腐生兰。因此，我们不仅可以看到有的兰花长在地上，还可以看到有的长在树上，有的长在石头上，甚至有的长在了屋顶上（图 3-30 至图 3-32）。

图 3-30 "种"在树上的鼓槌石斛(*Dendrobium chrysotoxum*)

图 3-31 "种"在石头上的鼓槌石斛(*Dendrobium chrysotoxum*)

图 3-32 "种"在屋顶上的鼓槌石斛(*Dendrobium chrysotoxum*)

（一）以树育兰

以树育兰指将兰花附植于树木上进行栽培的方式，主要适用于附生兰。附生方式是兰花的主要生长方式，石斛产业种植端常采用此种方式在山林里规模化仿野生种植石斛。

1. 附主选择

附树种植是兰花仿野生种植的一种方式，附主树种主要从树冠冠幅、树冠密度、树皮情况来进行选择。

相对于其他植物来说，兰花普遍属于喜阴植物。然而不同的兰花，喜阴程度不同。一些性喜更荫蔽生境的附生兰花适宜栽植在树冠冠幅与树冠密度较大的树种上，若将其附植于冠幅小或枝叶稀疏的树种上将会严重影响其生长。如美花石斛（*Dendrobium loddigesii*）和束花石斛（*D. chrysanthum*）等喜阴石斛适合栽植于榕树（*Ficus microcarpa*）、羊蹄甲（*Bauhinia purpurea*）和大花紫薇（*Lagerstroemia speciosa*）等树冠冠幅或树冠密度大的树种上，而不适合附植于大王椰（*Roystonea regia*）、凤凰木（*Delonix regia*）、木棉（*Bombax ceiba*）等树冠冠幅或树冠密度小的树种上。这些树冠冠幅和树冠密度小的树种更适合作为重唇石斛（*D. hercoglossum*）（图3-33）、鼓槌石斛（*D. chrysotoxum*）、海南石斛（*D. hainanense*）等性喜偏阳兰花的附主。

图3-33 重唇石斛（*Dendrobium hercoglossum*）附生于小冠幅的木棉（*Bombax ceiba*）（a）和凤凰木（*Delonix regia*）（b）上

选择附主树种时，还需考虑树皮的纹理、光滑程度和剥落情况等因素。树皮易脱落的树种不适宜栽植兰花，如柠檬桉（*Eucalyptus citriodora*）（图3-34a）、白千层（*Melaleuca cajuputi*）（图3-34b）、南洋杉（*Araucaria cunninghamii*）（图3-34c）、阿江榄仁（*Terminalia arjuna*）（图3-34d）等，若把兰花栽植于这些树皮易脱落的树种上，随着附主的周期性生长，兰花根系附着的树皮松动或脱落，兰花的根系也将随之松动，甚至整株兰花从附主上脱落。此外，树皮的纹理及光滑程度也对兰花的生长有一定的影响，沟壑较深、吸水储水能力好、粗糙的树皮可以为兰花的根系提供更好的生长环境，从而更利于兰花的生长。

图3-34 部分树皮易脱落的附主树种

注：a：柠檬桉（*Eucalyptus citriodora*） b：白千层（*Melaleuca cajuputi*） c：南洋杉（*Araucaria cunninghamii*） d：阿江榄仁（*Terminalia arjuna*）

此外，附主的生长环境对附生兰花的生长也非常重要，应根据兰花的种类选择适宜的生长环境。如许多兰花种类喜欢生长在有水流流经的环境，可将这些兰花栽种于溪流、湖泊、池塘边的附主树木上或一些生长于水中的附主树木上，如水杉（*Metasequoia glyptostroboides*）、落羽杉（*Taxodium distichum*）等（图3-35）。

图3-35　兰花附着于水中生长的落羽杉（*Taxodium distichum*）上

2. 附植方法

将附生兰花栽植于树干上常使用的方法有捆绑法、环包法、固线钉法等。

捆绑法适用于侧生新芽为非根状茎式的兰花。栽植方法为：先将兰花以其自然生长的方向放置于树干的适宜位置处，用少许湿润的水苔包覆大约2/3的兰花根系，然后用麻绳将根系和假鳞茎基部捆绑在树干上。有些兰花的假鳞茎较长，例如，束花石斛（*D. chrysanthum*）、兜唇石斛（*D. aphyllum*）和蜻蜓石斛（*D. pulchellum*）等（图3-36、图3-37）的假鳞茎长达1.2—2m，应将它们栽植在树干的高处，以免假鳞茎触及地面而影响植株的生长。

环包法适用于株型较小的兰花类群如霍山石斛（*D. huoshanense*）、曲茎石斛（*D. flexicaule*）、铁皮石斛（*D. officinale*）或大中型兰花的幼苗株丛。栽植时，先将网面布条首端以短钉固定于树上；将根系包有少许湿润水苔的兰花株丛放于网面布条内；通过布条包裹根系和假鳞茎下端将兰花株丛固定于树干上（图3-38、图3-39）。

固线钉法适用于茎单轴式生长的兰花类群或少量分枝的兰花种类。如茎单轴式生长的火焰兰（*Renanthera coccinea*）、香荚兰（*Vanilla planifolia*）、大花万代兰（*Vanda coerulea*）、多花脆兰（*Acampe rigida*）等，少量分枝的小囊兰属

图 3-36 兜唇石斛（*Dendrobium aphyllum*）

图 3-37 蜻蜓石斛（*Dendrobium pulchellum*）的假鳞茎

图 3-38 霍山石斛（*Dendrobium huoshanense*）

图 3-39 铁皮石斛（*Dendrobium officinale*）的环包法

（*Micropera*）和凤蝶兰属（*Papilionanthe*）等种类（图 3-40）。固线钉法也可应用于侧生新芽为根状茎式的兰花类群，如石豆兰属（*Bulbophyllum*）。以固线钉法栽植附生兰花时，将兰花自然放置在树干上，将固线钉的钉子轻轻钉入茎条基部和中部旁边的树皮内，钉子钉入树皮深度以塑料固线环可以揽扣住兰花茎条为宜。固线环内可放置少许湿润水苔，填补固线环内多余的空间，保护新植兰花茎秆经受损伤的同时，对植株起到一定的保湿作用（图 3-40d）。

图 3-40　固线钉在附植兰花时的应用

注：a：用固线钉法在树上附植火焰兰（*Renanthera coccinea*）b：用固线钉固定火焰兰的根系 c：用固线钉固定兜唇石斛（*Dendrobium aphyllum*）的高芽 d：用固线钉法在树上附植小囊兰属（*Micropera*）植株

（二）以石育兰

以石育兰指将兰花种植于山石、墙体等进行栽培的方式，主要应用于附石生长和半附生类兰花。野外生境中，许多兰花都附生于干旱的岩石角落或裂缝处，岩石角落和裂缝处常堆积有少许腐殖土和落叶，可为着生于其上的兰花提供部分养分，且岩石溶解出的矿质离子也为生长中的兰花所需。因此，可以在人工种植兰花时模仿原生境中兰花的这种生长方式，采用假山石或墙体作为兰花的着生附主

图 3-41 鼓槌石斛 (*Dendrobium chrysotoxum*) 种植于岩石上

图 3-42 霍山石斛 (*Dendrobium huoshanense*) 种植于岩石上

图 3-43 深圳香荚兰 (*Vanilla shenzhenica*) 种植于墙上

图 3-44 火焰兰 (*Renanthera coccinea*) 种植于墙上

（图 3-41 至图 3-44）。栽培环境中通常拉设遮阳网，或者将兰花栽植于有树木遮阴的岩石上。

（三）以木育兰

以木育兰指用木板、木段、木桩等栽培兰花的方式，主要应用于附生兰的栽培。栽培中，常用的木板有蛇木板和杉木板。蛇木板吸水性和透气性均较杉木板好，但价格也较为昂贵。木段可采用龙眼 (*Dimocarpus longan*) 树干段和荔枝 (*Litchi chinensis*) 树干段。龙眼和荔枝树木的质地硬实，作为兰花的栽植木段具有很好的抗腐蚀能力。制作木段时，可将直径 5—10cm 的龙眼和荔枝树干或枝条截成 25—30cm 的木段。为防止树皮因栽植时间变长后成片脱落，影响根系附着，栽植前应将木段上的树皮剥落（图 3-45a），留下木质部木段来栽植兰花，于木段顶部钻入一羊眼钉作为固着点（图3-45b），或在木段上部距顶端1cm处环刻一周，用铁丝环绕刻痕一圈后拧紧，从而将铁丝固定于木段上。

图3-45　木段的制作

　　用木板、木段栽植兰花时，可以捆绑法固定兰花，固定好的兰花常以铁丝钩住木板、木段顶部预留的固着点，将其悬挂于铁架或网架上（图3-46）。很多树桩、竹筒、风化木等均可用来种植兰花，能搭配出意想不到的景观效果（图3-47、图3-48）。此类附植方式可用于附生兰花的家庭种植，灵活、方便，还极具装饰性；此外，也常见于兰花迁地保育种植中。

图3-46　种植于蛇木板上的湿唇兰（*Phalaenopsis marriottiana* var. *parishii*）与种植于木段上的万代兰（*Vanda* sp.）

图3-47　种植于木桩上的鼓槌石斛（*Dendrobium chrysotoxum*）

图 3-48　兰花栽种于竹筒上

（四）以基质育兰

使用特殊基质种植兰花是兰花栽培中最为常见的栽培方式，可应用于附生兰、地生兰、腐生兰的栽培中。适用于产业规模化栽培、迁地保育及家庭养植等。基质种植的栽培方式有保水性强、肥效高、便于管护的特点。

1. 基质的理化性质

兰花的基质根据组成成分可以分为无机基质和有机基质，无机基质有兰石、陶粒、火山石、沙石、蛭石、珍珠岩等；有机基质有松树皮、花生壳、木屑、椰糠、腐殖土等（图 3-49）。栽培中，通常将这些基质中的 2—4 种按照一定的比例混合来种植不同种类的兰花。好的基质配比具有透气性好、保水性强、肥力高、适宜的电导率和 pH 值等优点。

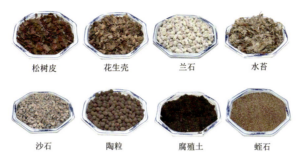

| 松树皮 | 花生壳 | 兰石 | 水苔 |

| 沙石 | 陶粒 | 腐殖土 | 蛭石 |

图 3-49　兰花栽培中一些常用的基质

2. 栽培盆器

用基质栽培兰花时，常使用的盆器有塑料盆、陶盆、瓷盆等（图 3-50 至图 3-52）。这些盆器栽植兰花各有利弊。塑料盆相较于陶瓷盆，不易破碎，且方便分株换盆，价格便宜，但塑料盆的排水性、透气性却较陶盆差，适合喜湿性强的地生兰花种类。用塑料盆种植兰花时，可配合透气性好的基质种类来弥补塑料盆透气性差的缺陷。陶盆因为盆壁上有许多透气的小孔，所以排水性和透气性均较塑料盆强，有利于兰花根系的生长。但陶盆经过长时间的日晒或风化，容易破碎，且陶盆质地粗糙，简单朴素，不适合用于栽培摆放于厅堂的名贵兰花。瓷盆表面由于上了彩釉，色彩艳丽、精致光滑、观赏性极佳，适合摆放于厅堂，但瓷盆经上釉后，排水性和透气性变差，不适合新手用来种植兰花。

图 3-50　兰花栽培中使用的塑料盆

图 3-51　兰花栽培中使用的陶盆

图 3-52　兰花栽培中使用的瓷盆

除了传统的塑料盆和陶瓷盆外，民间还有许多种植兰花的盆器，这些盆器都是养兰人士在栽培兰花的过程中，根据某一类兰花的生长习性逐渐改进栽培方法而创造出来的，如有用铁丝网和铁筐种植根系发达、对排水性和透气性要求较高的万代兰属（*Vanda*）和石斛属（*Dendrobium*）兰花的（图3-53、图3-55），有直接取现成的菜篮子来种植兰花的（图3-54），也有用盆口宽、盆身浅的托盘种植匍匐类的贝母兰属（*Coelogyne*）兰花的（图3-56）。这些盆器虽然没有传统塑料盆和陶瓷盆美观，却处处可以窥见养兰人士的种兰智慧——他们是充分了解兰花的生长习性的。

图3-53　铁丝网种植万代兰属（Vanda）兰花

图3-54　菜篮子种植兰花

图3-55　铁筐种植石斛属（Dendrobium）兰花

图3-56　托盘种植贝母兰属（Coelogyne）兰花

3. 基质种植

（1）附生类兰花的基质种植

用基质栽培附生兰花时，看似兰花如地生植物一样被种植在基质里，其实兰花还是以附生的方式附着于基质上。种植附生兰花常用的栽培基质有松树皮、花生壳、水苔、兰石、陶粒、火山石、沙石等。栽培中，通常将这些基质中的2—4种按照一定的比例进行混合，来种植不同种类的附生兰花。种植时在花盆底部垫上适量的碎瓦片，将兰花植株放于花盆中心位置，并将基质围绕着植株倒入花盆中；轻轻震荡盆底，使基质与根系充分接触；基质高度应以不埋过植株生长点为宜，基质表面与花盆边缘保留1—2cm的距离（图3-57）。

图 3-57　用基质种植带叶兜兰
（*Paphiopedilum hirsutissimum*）

（2）地生类兰花的基质种植

地生兰，即指野生状态下兰花植株根部生长在土壤中的一类兰花。设施栽培中，通常可用腐殖土与松树皮、花生壳、石子或河沙按照3:1的比例混合种植地生类兰花。种植时，花盆底部垫一层碎瓦片，再铺一层1/5花盆高度的石子，然后把混合好的基质倒入花盆至花盆高度1/5处，把兰花植株放入花盆中心，再倒入基质至花盆顶部，然后轻轻震荡花盆，使基质与根系充分接触，并用手稍微压实基质，确保基质表面至花盆边缘保留有1—2cm的距离，且不埋过植株生长点。

当规模化种植典型的地生兰时，则可省去盆栽种植的繁琐，如对著名的药用兰科植物白及（*Bletilla striata*）（图3-58）的种植。

下面以白及为例介绍地生兰的规模化栽培方法：

①场地准备

种植白及的场地可为温室大棚、

图 3-58　白及（*Bletilla striata*）

荫棚，也可为林地。温室大棚和荫棚的遮光率为40%—60%，林地林冠郁闭度为0.4—0.6。栽前需要先整地，清除灌木、杂草，开垦深度为30—40cm，清除土中大石块、树根等。结合整地，按土壤：松树皮：沙石=6:1:1的比例混入松树皮和沙石，亩施1000—2000千克有机肥作基肥。

②白及种植

白及通常于3—5月定植。白及驯化苗准备：用1500倍6%的寡糖·链蛋白溶液浸泡球茎和根60s，自然风干球茎和根表面的附着液。林下定植白及间距为15—20cm。挖定植穴，每穴施15—20g的腐熟豆粕肥或菜籽粕肥，使粕肥与穴内土壤充分混匀。将白及驯化苗种植于穴中，覆土，厚度以盖住根系、茎基部在土中深度不超过2—3cm为宜。种植完成后浇透水。

（3）腐生类兰花的基质种植

腐生兰是兰花中的一类特殊兰花，它们无叶绿素，不能进行光合作用合成自身所需的营养物质，只能获取真菌为其提供的养分。腐生兰通常生长在腐朽的植物体上或混有枯枝腐叶的林下腐殖土中，极度依赖环境中的微生物，将腐生兰移植到人工环境后极难成活。

天麻（*Gastrodia elata*）是腐生药用兰科植物，可通过蜜环菌提供的养分而生存。下面以天麻为例介绍腐生兰的规模化栽培方法：

①菌材培养

菌材为培养蜜环菌的材料。常用的菌材为壳斗科（Fagaceae）、桦木科（Betulaceae）、蔷薇科（Rosaceae）、豆科（Fabaceae）等不含芳香油脂阔叶树种的树枝和树干。培养完成的菌材称为菌枝和菌棒。

菌枝培养：培养菌枝在种植天麻前1.5—2个月时开始。收集上述树种的新鲜枝干，将直径5—10cm的枝干砍成30cm的短棒，用于培养菌棒；直径小于5cm的砍成10cm的短枝，用于培养菌枝。树枝使用前用清水浸透。培养菌枝的场所可以为地下挖坑的菌窖，也可为地上池子或木箱做的菌床。先在菌窖或菌床底部铺 3—5cm 厚的沙子，在沙子上铺一层湿阔叶树落叶，树叶上铺一层树枝，将购买的 2—3 级菌种中的小菌枝摆放在树枝间隙中，然后覆盖一层薄沙土，厚度盖住树枝即可。上面再铺一层树枝，不加菌枝，再铺一层薄沙土，依次堆放 4—5 层树枝，最后覆盖 5—6cm 的厚沙土，沙土上铺一层湿落叶（图 3-59）。菌枝培养适宜温度为 22—25℃，培养时间 40—45 天。

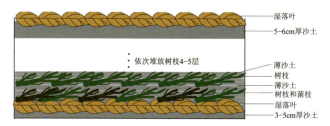

图 3-59　菌枝的培养

菌棒培养：培养菌棒在种植天麻前 2—3 个月时开始。在树干上砍 2—3 排鱼鳞口，深度达木质部，鱼鳞口间距为 2—3cm。树干使用前用清水浸透。挖 30—40cm深、1.2m 宽的菌坑，长度不定。挖松坑底，使坑底平而疏松。铺上一层湿阔叶树落叶，厚度 1cm，树叶上平行摆放一层树棒，间距 5—6cm。在两树棒间斜放菌枝3—4 个，使菌枝两端紧贴两树棒的鱼鳞口。再放鲜树枝数节，盖沙土至与树棒齐平，用水浇湿；同此法再依次摆放一层菌棒，封顶的覆土厚度为 5—6cm，最后用湿树叶覆盖（图 3-60、图 3-61）。

图 3-60　菌棒的培养（剖面）

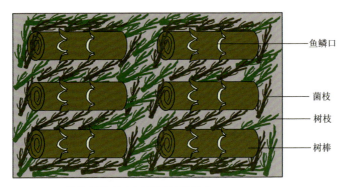

图 3-61　菌棒的培养（树棒层的摆放）

鱼鳞口

菌枝

树枝

树棒

　　培育好的菌棒和菌枝上需均匀分布较多棕红色的蜜环菌菌索，菌索生长粗壮、旺盛、有弹性，尖端生长点呈黄白色，无黑色空软的老化菌，无杂菌感染和虫害。

　　②种植天麻

　　冬种天麻6—8月，春种天麻9—10月。种植时，挖15—20cm深坑，挖松坑底，使坑底平而疏松。铺一层5cm厚的河沙等洁净基质，再铺3—6cm厚的湿润腐殖土混合落叶，菌材平行摆放，间距6—8cm。菌材间隙用腐殖土填充，覆盖菌棒1/2时，在每根菌棒上紧贴摆放4个种麻，菌棒两侧鱼鳞口各放一个，菌棒两端各放一个（图3-62）。用腐殖土等疏松基质覆盖压实，厚5—10cm。栽培天麻完成后覆土盖草，压实保湿。

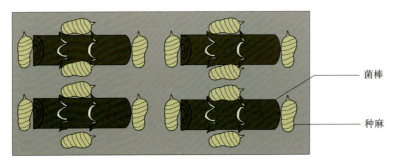

菌棒

种麻

图 3-62　种麻的摆放

天麻种植完成后，用河沙或细土等基质覆盖坑窖，厚度15—20cm，轻轻压实。坑窖周围挖15—20cm深、20—25cm宽的排水沟。用稻草或秸秆覆盖坑窖，海拔低于1000m的坑窖夏季需搭设遮阳棚。

（五）以水育兰

以水育兰即用水培技术栽培兰花。兰花的水培指不用栽培基质，而将根系直接放于盛有兰花生长所需营养物质的水中而进行栽植的一种栽培方式。水培方式有栽培环境卫生干净、栽培管理简便等优点。

1. 水培的方式

常用的兰花水培方式有盆器水培、水池水培、管道水培等。

（1）盆器水培

盆器水培是使用专用水培盆器栽植兰花的培养方式。常用的水培盆器为内外双层网筛套盆式花盆：外盆通常为盛装营养液的透明玻璃盆；内盆为含网孔的网筛，用来承托假鳞茎和盛装固定兰花的石子或陶粒等（图3-63）。

图3-63　水培盆器

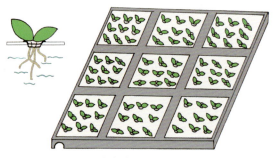

图 3-64　水池水培方式

（2）水池水培

水池水培是用水泥砌成的水池栽植兰花的培养方式。根据实际情况以水泥等材料砌成水培兰花用的水池。如图 3-64 所示，为 3m×3m×0.15m 的方形水池，再用水泥以井字形将水池划分成大小相同的 9 个 1m×1m×0.15m 的方格，用来盛装营养液；水池内各方格边上均有一直径为 10cm 的通道，用来连通各个方格；水池一边的末端也应设计一个 10cm 的闸道，方便更新营养液时排出方格内的旧营养液。各方格上覆盖一方形白色塑料板，塑料板上有用来栽植兰花的孔洞（直径 7—8cm），孔洞间距应根据栽植兰花的种类而定；孔洞下放置网孔规格 2cm×2cm 的网筛内盆，用来承托假鳞茎和盛装固定兰花的石子或陶粒等。

（3）管道水培

管道水培是用管道盛装营养液来栽植兰花的培养方式。如图 3-65 所示，为长 10m、直径 10—15cm 的 2 折白色塑料管道，管道上预留栽植兰花用的孔洞，孔洞直径为 5—6cm，孔洞间距根据栽植兰花的种类而定；孔洞下放置有网孔规格 2cm×2cm 的网筛内盆，用来承托假鳞茎和盛装固定兰花的石子或陶粒等。管道首端向上的端口为营养液的观察口及水分补充和营养液更换的入口；管道的末端有个向下的端口，在更换营养液前用来排空管道内的旧营养液。

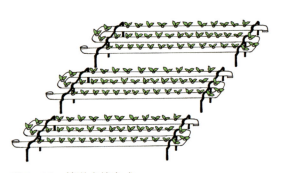

图 3-65　管道水培方式

2. 营养液配制

兰花水培采用的营养液成分主要分为三大类，即大量元素、微量元素和生长调节剂。不同的兰花类群、不同的生长阶段使用的营养液也有可能会不同，应根据所栽培兰花的生长需要配制适宜的营养液，如表 3-4 所示为卡特兰（Cattleya hybrida）的水培营养液配方。

表 3-4 卡特兰营养液成分组成配方 [1]

种类	成分	化学式	浓度
大量元素	硝酸钙	$Ca(NO_3)_2 \cdot 4H_2O$	0.61 mg/L
	硝酸钾	KNO_3	0.28 mg/L
	硝酸铵	NH_4NO_3	0.24 mg/L
	磷酸二氢钾	KH_2PO_4	0.14 mg/L
	硫酸镁	$MgSO_4 \cdot 7H_2O$	0.15 mg/L
	硫酸钾	K_2SO_4	0.02 mg/L
微量元素	铁钠络合物	$Na_2Fe-EDTA$	31.194 mg/L
	硼酸	H_3BO_3	2.863 mg/L
	硫酸锰	$MnSO_4 \cdot 4H_2O$	2.119 mg/L
	硫酸锌	$ZnSO_4 \cdot 7H_2O$	0.23 mg/L
	硫酸铜	$CuSO_4 \cdot 5H_2O$	0.0749 mg/L
	钼酸铵	$(NH_4)_6Mo_7O_{24} \cdot 4H_2O$	0.0247 mg/L
生长调节剂 （营养生长阶段）	生长素	6-BA	40 mg/L
	赤霉素	GA	50 mg/L
	激动素	KT	50 mg/L
生长调节剂 （生殖生长阶段）	生长素	6-BA	60 mg/L
	赤霉素	GA	50 mg/L
	激动素	KT	100 mg/L

[1] 陈曦. 卡特兰水培技术试验研究[D]. 保定: 河北农业大学, 2011.

3. 水培兰花的管理

兰花水培前已经生长出的根系为旱生根系，并不适应长期浸泡于水生环境中，需要重新催生可以适应水生环境的水生根系。催根时，剪去烂根、老根及多余的根系，仅留下 2—3 条根，并用多菌灵 1000 倍液浸泡植株 10—15min；用 5mg/L 的萘乙酸（NAA）溶液浸泡假鳞茎基部和根系部分 3 天，随后将兰花转移至营养液中培养[1]。转移时应确保营养液液面在根系的 1/2—2/3 处，若将根系全部淹没则会影响根部对氧气的吸收。水培过程中用 1mol/L 的 HCl 和 NaOH 溶液调节营养液的 pH 值，使 pH 值稳定在 5.4—5.8 之间。营养液的更换时间需要根据实际情况中水培容器的大小、栽植植株的种类和密度来确定。

一种栽培方式可以用来栽培多种兰花类群，同样地，一种兰花也可以用多种栽培方式来种植。选择兰花的栽培方式时，首先需要了解兰花的生长习性，了解它是附生兰、地生兰，还是腐生兰，然后确定其适宜的栽培方式类型，再根据种植地的气候特点、生产的目的、管护的便捷性，确定兰花最适宜的栽培方式。

三、兰花的栽培养护技术

（一）温度

大部分兰花喜欢生长在凉爽的栽培环境中。栽培中，应尽量将环境温度调节在 15—28℃ 的适宜生长温度范围内，不应超出 10—35℃ 的温度范围。若遇夏季高温炎热的天气，可采用遮光、通风、水帘散热等方式降温。在高温的夏季中午，切勿采用喷洒冷水的方法降温，防止因高温高湿环境的产生而导致真菌病害的爆发或蔓延。冬日温度偏低时，需加盖保温膜、保温毯、挡风板等保温设备，防止

---

[1] 章玉平, 丘杰, 陈金花. 卡特兰水培技术研究[J]. 中国农学通报, 2009, 25(16):190-193.

低温对兰花造成伤害（图3-66）。

图 3-66　保温膜设施

（二）湿度

湿度也是兰花生长需要控制的重要环境因子。尤其对于附生兰花来说，空气中的水分是其水分的重要来源。兰花喜欢空气湿润的生长环境，应将栽培环境的湿度控制在 70%—90% 范围内。秋、冬季节空气湿度偏低，容易影响兰花的生长，可采用向地面洒水和向空气中喷水的方式增加环境中的湿度。

（三）光照强度

不同兰花对光照强度的要求不同，范围可在 1000—20000Lux 之间。光照强度对兰花的生长有重要的影响，应根据不同的兰花种类提供适宜的光照强度。一些喜光的兰花如鼓槌石斛（*Dendrobium chrysotoxum*）、铁皮石斛（*D. officinale*）、重唇石斛（*D. hercoglossum*）、海南石斛（*D. hainanense*）、竹叶兰（*Arundina graminifolia*）、白及（*Bletilla striata*）等，生长过程中需要较强的光照强度，光照充足时，植株生长健壮，开花灿烂；若光照不足，则可能导致植株徒长纤弱，开花少或不开花（图3-67 至图3-71）。一些喜阴的兰花如紫纹兜

图 3-67　阳光下健壮生长的竹叶兰（*Arundina graminifolia*）

图 3-68　白及（*Bletilla striata*）

图 3-69　紫花美冠兰（*Eulophia spectabilis*）在光照不足时徒长倒伏

图 3-70　阳光充足时兜唇石斛（*Dendrobium aphyllum*）的开花情况

图 3-71　阳光不足时兜唇石斛（*Dendrobium aphyllum*）的开花情况

兰（*Paphiopedilum purpuratum*）、麻栗坡兜兰（*P. malipoense*）、浅裂沼兰（*Crepidium acuminatum*）、深圳香荚兰（*Vanilla shenzhenica*）、束花石斛（*D. chrysanthum*）、无耳沼兰（*Dienia ophrydis*）等，喜欢偏阴凉的生长环境，若将其暴露于阳光强烈的环境中，则会引起叶片萎蔫、呈淡绿或黄绿色，甚者会出现植株不同程度的灼伤现象。设施栽培中，如遇夏季和中午光照强烈的情况，可采用适当遮光来减弱光照强度。若兰花栽种于树上或林下，则可以通过增补树种来增加树冠的荫蔽度，或对林下过于暴露的兰花拉设遮阳网以减少阳光照射。阳光不足时，设施栽培的兰花需及时打开遮阳网（图3-72）；树上和林下种植的兰花，可采用修剪树枝的方式对其进行光源补充。

图 3-72 阴雨天气时收起荫棚的遮阳网

（四）水分

兰花的水分控制需要按照"浇要浇透，不得积水"的原则。夏季浇水的时间最好在傍晚气温开始下降时，避免水温与植物根部的温度相差太大而损伤根系。冬季浇水的时间最好在上午气温开始回升时，忌傍晚或夜间浇水，防止水露结冰，导致兰花冻害现象产生。浇水的多少及频次则需根据天气状况、基质干湿程度以及植株生长情况的变化而及时调整。春夏两季气温较高，植物处于营养生长旺盛季节，需水量较多，基质湿度以50%—80%为宜；秋冬两季气温较低，基质湿度保持在30%—50%即可。在花芽分化期需保持相对干燥的环境，以促进花芽和花序的形成；花苞形成后，可适当增加浇水，使基质湿度保持在50%—60%；花朵凋谢后，应增加浇水，基质湿度需保持在60%—80%。

浇水的频次和兰花的种类也有紧密联系。具粗壮假鳞茎、厚革质叶片的兰花种类如鼓槌石斛（*Dendrobium chrysotoxum*）、梳帽卷瓣兰（*Bulbophyllum andersonii*）等耐旱程度较强，浇水频率可适当降低；而叶片大而薄的大叶类兰花如沼兰属（*Crepidium*）、羊耳蒜属（*Liparis*）等，水分易通过叶片蒸腾散失，浇水频率需更高些。一些具有粗壮假鳞茎或厚肉质叶片的兰花如石仙桃（*Pholidota chinensis*）和香荚兰（*Vanilla planifolia*）等，虽能耐干旱，但更喜好生长在水分充足的环境，也应适当多浇水。

（五）施肥

兰花在不同生长阶段所需要的肥料不同。处于幼苗期的兰花，需要较多的氮肥，此时期施肥氮、磷、钾的比例应为 3:1:1，可促进植株的营养生长；到了成苗期，可相应减少氮肥含量，施氮、磷、钾的比例应为 1:1:1，完成植株从营养生长向生殖生长的过渡；育蕾期需要更多的磷钾肥，此时期施肥氮、磷、钾的比例应为 1:2:2，促使花芽形成和开花；花期后期可追施高氮肥，氮、磷、钾的比例可为 2:1:1，及时补充花期消耗的养分；休眠期的兰花应减少施肥或不施肥。对于新移植的植株则不应立即施肥。

兰花施肥要遵循"勤施薄施，不过量"的原则，防止因施肥过多产生肥害现象。施肥时，可将肥料溶于水中稀释后，喷洒在叶面和根系上，植株营养生长阶段可每周喷施一次，非生长季每 2 周喷施一次。也可施用缓释固体肥料，将装有缓释固体肥料的网袋置于基质上，通过日常浇水将肥料缓慢释放到栽培基质中供根系吸收。

（六）通气

通气管理在兰花栽培环境管理中占据着非常重要的地位，可以说，兰花长得有没有"灵气"，就要看它的通气性是否管理得当。良好的空气流通系统联系着环境管理中的温度、湿度、水分、病虫害等管理系统，通气系统管理好了，很多其他栽培管理问题也就随之解决了。

兰花植株会通过叶片上的气孔吸收环境中的二氧化碳并排出所产生的氧气来进行自身的新陈代谢。良好的通风条件对兰花生长的环境起到气体更新及降温的作用，还能避免粉尘堵塞气孔及病菌滋生从而保证兰花的正常生长。设施栽培中，常用的通风设备有风机、侧窗、天窗、门等，风机搭配水帘的通风设备更佳。打开风机、侧窗、天窗及门时，应注意形成环境的对流效应，促使空气的有效流通。

风机风速不宜太强，风机口附近应避免摆放兰花。

做好兰花生长大环境的通气管理，也要处理好"小环境"的通气问题。小环境的通气范围包括花盆、木板、木段的摆放间距，盆内、木板上、木段上兰花的种植密度，根系环境的透气性等。摆放间距、种植密度和根系环境透气性都需要根据兰花的种类、特性及种植方式来管理（图3-73、图3-74）。如兜兰属（*Paphiopedilum*）兰花花盆摆放间距可为10—20cm，蝴蝶兰属（*Phalaenopsis*）兰花可为20—30cm，兰属（*Cymbidium*）兰花可为30—50cm。根系的透气性通过花盆的透气性、基质配比和基质含水量来调节。可选择瓦盆或孔洞较多的塑料盆；也可在基质中添加适量的兰石、石子等来改善基质的透气性。基质中的松树皮、花生壳、木屑会随种植时间增加而分解变细，浇水后易引起水分的滞留，影响根系环境的透气性，可结合分株换盆工作及时更新基质。

图3-73　摆放距离合适的汉氏兜兰（*Paphiopedilum hangianum*）　　图3-74　摆放距离偏小的墨兰（*Cymbidium sinense*）

第三节
兰花病虫害及防治

栽培中，若要使兰花健康生长，则必须管理好其生长环境中的温度、湿度、光照、水肥、基质、气体、生物等因子。如果其中任何一个因子管理不当，就会诱发兰花病虫害。

一、兰花常见病害

（一）真菌病

1. 兰花炭疽病

病原：长孢状刺盘孢（*Collectotrichum gloeosporioides*）、环带刺盘孢（*Collectotrichum cinctum*）

兰花炭疽病多在兰花叶片中部至先端的叶缘开始发病，发病初期，先在叶片边缘出现不规则云雾状黄晕（图3-75a），黄晕中逐渐显现褐色斑点，聚集成团（图3-75b），随后斑点颜色加深，并不断扩展融合成卵圆形或条形的深褐色斑块（图3-75c），斑块逐

图3-75　湿唇兰（*Phalaenopsis marriottiana var. parishii*）患兰花炭疽病的症状

渐扩大，呈黑色，并且凹陷（图 3-75d）；发病后期，黑色斑块转为棕褐色（图 3-75e），中间变白色或灰色，变干后易破碎（图 3-75f）。

防治方法：剪除病叶，及时烧毁。加强栽培环境的通风透气性，并保证良好的透光条件。发病前用 65% 的代森锌 600—800 倍液，或 75% 的百菌清 800 倍液进行喷洒预防；发病时用 50% 的多菌灵 800 倍液、75% 的甲基托布津 1000 倍液进行喷洒。

2. 兰花白绢病

病原：齐整小核菌（*Sclerotium rolfsii*）

病症：兰花白绢病主要危害兰花的根部和茎基部。发病时，叶片呈黄色，随后逐渐枯萎，植株在茎基部出现黄色或浅褐色水渍状斑块，随后茎秆腐烂，严重时兰花的假鳞茎也被感染，在感染处形成白色绢丝状菌丝，呈辐射状蔓延，延伸至根际土层。该病的特点为：发病后期，菌丝体通常交织成由白色变为黄色，最后变为褐色的圆形、菜籽状菌核（图 3-76）。

图 3-76　兰花白绢病

防治方法：发病初期，应立即挖出病株，剪除病叶后将假鳞茎浸泡于 1% 的硫酸铜溶液中，并更换花盆与植料，重新种植。若病情大面积爆发，可用 50% 的速克灵粉剂 500 倍液，或 50% 的苯来特可湿性粉剂 1000 倍液，或 50% 的农利灵粉剂 500 倍液喷洒植株和盆面。

3. 兰花茎腐病

病原：尖孢镰刀菌（*Fusarium oxysporum*）

病症：兰花茎腐病的发病高峰期为5—9月。病菌从植株根系伤口和根毛细胞侵入，侵染维管束并大量繁殖导致维管束堵塞。最初症状表现为植株假鳞茎腐烂呈褐色或包茎新叶叶鞘呈褐色，腐烂处有少许棕色液体渗出（图3-77a），初期根系依然完好鲜活。随着病菌的繁殖，褐色腐烂逐渐蔓延至新叶叶基和根系，新叶在腐烂蔓延过程中枯萎，老叶在新叶枯萎后也开始枯萎，最终植株死亡（图3-77b）。

防治方法：感染了茎腐病的兰花一般很难根治，应做好发病高峰期前的预防工作和发病植株未染病分蘖的拯救工作。在气温回升前，用枯草芽孢杆菌500倍液和2mmol/L的硅酸钠溶液对植株进行灌根处理。若发现发病植株，在摘取其未发病分蘖后及时清除烧毁剩余病株，将分蘖浸泡于45%的咪鲜胺1000倍液30min后重新种植，并用45%的咪鲜胺1000倍液对植株进行灌根处理。

图3-77　紫纹兜兰（*Paphiopedilum purpuratum*）患兰花茎腐病

4. 兰花灰霉病

病原：富克尔核盘菌（*Sclerotinia fuckeliana*）

病症：兰花灰霉病症状主要表现在花朵上，有时也危害叶片和茎。发病初期，花朵上出现棕色水渍状半透明小斑点（图 3-78、图 3-79），随后病斑颜色加深，变成褐色；花朵即将凋谢时，病斑增大，数量变多，导致花瓣、花萼腐烂；空气湿度高时，病斑处长出绒毛状、棕灰色生长物，为病原菌的分生孢子梗和分生孢子；花茎发病时，出现水渍状斑点，斑点逐渐扩大成黑褐色斑块，斑块绕花茎一周后，花朵便会枯萎；危害叶片时，叶尖焦枯。

防治方法：该病在早春和秋冬季节发病，当温度在 7—18℃、空气湿度大于 80% 时最容易发病。浇水应在白天进行，尽量避免将水浇到花朵上，若水浇至花朵上，也应使水尽快蒸发；做好栽培环境的通风处理，疏散空气中的病菌菌丝和孢子。发病初期可喷洒 50% 的速克灵可湿性粉剂 1500 倍液或 50% 的农利灵可湿性粉剂 1000 倍液，发病时应暂停浇水，并用 1:1:100 的波尔多液喷洒未发病植株[1]。

图 3-78　德氏兜兰（*Paphiopedilum delenatii*）患兰花灰霉病
注：a：正常植株 b、c：患病植株 d：花瓣上的水渍状斑点

---

[1] 殷华林. 兰花栽培实用技法[M]. 合肥：安徽科学技术出版社，2006.

图 3-79　阿嬷蝴蝶兰（*Phalaenopsis amabilis*）患兰花灰霉病

注：a：正常植株 b：患病植株

（二）细菌病

1. 兰花软腐病

病原：欧氏菌（*Erwinia carotovora*）

病症：兰花软腐病主要发生在幼叶和嫩芽上。发病时，叶片上出现浅褐色水渍状斑点，随后变为深褐色或黑色，斑点迅速扩大，蔓延至整个叶面，发病部位最后呈柔软腐烂状，散发臭味，病情严重时造成整株植株死亡（图 3-80）。

防治方法：发现病斑时，应将植株挖出，剪除病叶，并用高锰酸钾 1000 倍液浸泡植株 30min，更换花盆与植料，重新种植。并用 0.5% 的波尔多液或 200mg/L 的农用链霉素喷洒植株和盆面。

图 3-80　患兰花软腐病的植株 [1]

---

[1] 卢思聪.世界栽培兰花百科图鉴[M].北京:中国农业大学出版社,2014.

2. 兰花褐腐病

病原：杓兰欧氏菌（*Erwinia cypripedii*）

病症：兰花褐腐病主要危害兰花的叶片和幼芽。发病时，叶片上出现水渍状浅黄色斑点，并逐渐变为浅褐色，有时会观察到斑点凹陷，斑点逐渐呈褐色并腐烂，易扩展至幼叶上，从而危害整个植株。

防治方法：确保栽培环境的通风透气，发现病株后，应剪除病叶，并用 0.5% 的波尔多液或 200mg/L 的农用链霉素喷洒植株和盆面。

（三）病毒病

兰花病毒病是兰花中的一类严重病害，它是由病毒侵入引起的系统性侵染病害。兰花感染病毒后，病毒从侵染点扩散至全株，继而表现出侵染症状，以新叶及成长叶处的症状最为明显，症状有时发生在花朵上，较少发生在假鳞茎和根系上。目前，世界上已报道可侵染兰花的病毒有 60 多种[1]，其中发生最普遍、危害最严重的要数建兰花叶病毒（Cymbidium mosaic virus, CymMV）和齿兰环斑病毒（Odontoglossum ringspot virus, ORSV）。

建兰花叶病毒为马铃薯 X 病毒属（*Potexvirus*）成员，可感染兰属（*Cymbidium*）、卡特兰属（*Cattleya*）、蝴蝶兰属（*Phalaenopsis*）、石斛属（*Dendrobium*）、文心兰属（*Oncidium*）、鹤顶兰属（*Phaius*）、万代兰属（*Vanda*）等多种兰花类群，主要表现症状为叶片花叶、坏死、黄化斑驳、褪绿黄化伴有褐色坏死斑等（图 3-81 至图 3-83）。齿兰环斑病毒为烟草花叶病毒属（*Tobamovirus*）成员，可感染兰属、蝴蝶兰属、文心兰属、万代兰属等兰花。受侵染的兰花表现的症状相对比较简单，但不同物种表现出的症状有所不同，蝴蝶兰表现出凹陷环斑、环斑、黄化弧状条

---

[1] 沈阳, 吕文刚, 洪旭, 等. 侵染兰花的病毒种类及其检疫重要性[J]. 植物检疫, 2019. 33(1):1-7.

斑和肿胀、疱状突出症状（图 3-84），墨兰（*C. sinense*）表现出轮纹状褐色同心圆斑症状，文心兰则表现出花叶症状。

图 3-81　建兰花叶病毒侵染蝴蝶兰（*Phalaenopsis* spp.）引起的症状 [1]

注：a：斑驳 b：大型黄化斑 c：不规则云雾状黄化斑 d：纹状 e：条状 f：黄化、黑褐色坏死斑 g：叶片畸形皱缩 h：环状

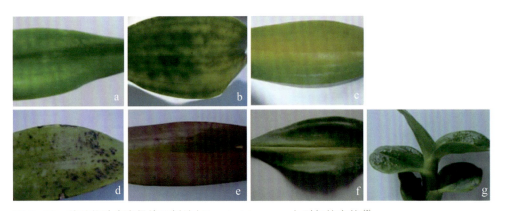

图 3-82　建兰花叶病毒侵染石斛兰（*Dendrobium* spp.）引起的症状 [2]

注：a：花叶 b：大小不均黄化斑 c：全叶性黄化 d：坏死 e：全叶性红化 f：延脉平行坏死 g：疱状突出

[1][2] 曾燕君，王健华，余志金，等.3种热带兰感染2种病毒的症状探讨[J]. 热带农业科学,2011,31(3):20-23.

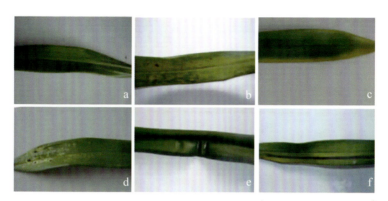

图3-83　建兰花叶病毒侵染文心兰（*Oncidium* spp.）引起的症状 [1]

注：a：花叶 b：云状黄化斑 c：叶尖、叶缘黄化 d：叶尖黄化伴随坏死 e：皱缩畸形生长 f：延脉平行坏死

图3-84　齿兰环斑病毒侵染蝴蝶兰（*Phalaenopsis* spp.）和文心兰（*Oncidium* spp.）的症状 [2]

注：a：蝴蝶兰凹陷环斑 b：蝴蝶兰环斑 c：蝴蝶兰肿胀、疤状突出 d：蝴蝶兰黄化弧状条斑 e：文心兰花叶

　　目前还没有找到兰花病毒病有效的根治措施。所以针对兰花病毒病，一定要以预防为主。若出现病情，则应及时阻止病毒病的蔓延。了解病毒病的传播途径和预防措施，可有效地将病毒病遏制在摇篮中。

[1][2] 曾燕君，王健华，余志金，等. 3种热带兰感染2种病毒的症状探讨[J]. 热带农业科学，2011，31(3):20-23.

1.病毒病的传播途径

病毒只能在活细胞中传播，任何让病毒接触到活细胞的途径都有可能使植株感染上病毒。

（1）母株传播

若母株感染了病毒，则其茎段、抽生的新芽、高芽等均会带有病毒。即使这些茎段、新芽和高芽与母株分离，也是带病毒的植株。利用茎尖生长点进行脱毒组织培养，有可能繁育出无病毒的植株。

（2）媒介传播

蚜虫等具有刺吸式口器的昆虫或毛虫等具有咀嚼式口器的昆虫在取食带病毒植株后，口器上可能会带有具病毒的汁液或组织，当这些有害昆虫再次取食健康植株时，便会把病毒传播至健康植株中。

（3）创口传播

当兰花植株上有创口时，创口接触到病毒后有可能会感染上病毒。栽培管理中的剪叶、分株、上盆操作，都有可能使植株表面形成创口，或将携带病毒植株的病毒释放出来，经过接触、摩擦、碰撞，都有可能使健康植株感染病毒。

2.病毒病的预防措施

（1）引种无病毒兰花植株和抗病性强的种类。

（2）加强诊断能力，若发现病株，应立即清除烧毁，并用2%的福尔马林和2%的氢氧化钠溶液消毒环境和工具。利用指示植物望江南（*Senna occidentalis*）和千日红（*Gomphrena globosa*）分别对建兰花叶病毒和齿兰环斑病毒敏感的特点，通过机械损伤将兰花的汁液转接至指示植物，可有效指示兰花是否感染了这两种病毒。望江南若被建兰花叶病毒感染，在感染后约4天可出现坏疽病斑；千日红若被齿兰环斑病毒感染，在感染后7天左右出现黄化病斑，随后变成坏疽病斑。

（3）防治虫害，防止因虫害取食植株而引起病毒的传播。

（4）增强植株抗性，通过做好兰花的日常管护，提高兰花植株抗病毒的免疫力。

（5）采用间种套种的兰盆摆放模式，预防易感病毒病的毁灭性爆发。

（6）药剂控制，近几年来，随着科技进步，已研制出很多可抑制病毒复制的药剂，如植病灵、菌毒清、病毒必克、病毒灵、病毒特、病可克等药剂，这些药剂可有效控制病毒病恶化的速度。

二、兰花常见虫害

（一）蚜虫

危害：蚜虫（图3-85）以刺吸式口器吸取兰花幼嫩组织的汁液，引起受害植株营养不良，还有可能传播病毒。有些蚜虫唾液中含有生长素，可影响植株的正常生长，使之产生皱叶、卷叶、虫瘿等不良性状。而且，蚜虫还会在植株幼嫩部位分泌排泄物，导致霉菌滋生，影响幼嫩组织的生长。

图3-85　蚜虫

防治方法：若蚜虫数量不多，可用棉签蘸取酒精进行人工捕捉处理。若蚜虫危害面积较大，则可用50%的抗蚜威可湿性粉剂1000—1500倍液，或40%的氧化乐果（乳剂），或50%的杀螟松乳油1000倍液喷杀。

（二）介壳虫

危害：介壳虫（图 3-86a、图 3-86b）以刺吸式口器吸取兰花汁液，引起植株营养不良，也有可能传播病毒。有的介壳虫还会将有毒物质注入植株体内，引起兰花受害植株生长不良。介壳虫的分泌物易滋生黑霉菌。此外，其分泌的蜡质物也会影响叶片的生长，严重时引起叶片枯萎、落叶，导致植株死亡（图 3-86a、图 3-86c）。

防治方法：介壳虫若虫表面有介壳保护，农药难以浸入，防治较为困难。栽培中应以防治为主。应杜绝介壳虫喜欢的水湿过重、闷热、通风不良的环境，防止介壳虫的产生。发病时，应抓住施药的时机，在介壳虫分泌蜡质物形成介壳之前施药将其消灭。常用 50% 的杀螟松乳油 1000 倍液，或 50% 的敌百虫 250 倍液，或 20% 的杀灭菊酯（乳剂）2000—3000 倍液进行喷杀。

图 3-86　介壳虫成虫及其危害铁皮石斛（*Dendrobium officinale*）的情况

（三）蓟马

危害：蓟马（图3-87a）主要危害兰花植株的花朵、花序和多汁叶。以锉吸式口器吸取上述部位的汁液，受害叶片表面产生许多灰白色斑点（图3-87b），受害花朵也会出现灰白色点状取食痕与产卵痕，花序受害时常难以开花或花色暗淡，已开放的兰花受害时表现为花朵枯萎凋谢（图3-87a），严重影响兰花的生长和外观。

防治方法：用40%的氧化乐果（乳剂）1000—2000倍液，或50%的辛硫磷乳剂1200—1500倍液，或50%的马拉硫磷（乳油）1000—1500倍液进行喷杀。

图3-87　蓟马若虫及受其危害的兰属植物叶片

（四）蛞蝓、蜗牛

危害：蛞蝓（图3-88）和蜗牛（图3-89）主要啃食兰花植株的嫩叶、花朵和根尖。白天通常藏匿于花盆基质、盆底缝隙和碎石瓦块中，夜间出来活动，啃食兰花植株。其取食量大，严重影响兰花的生长，且其爬过之处常有透明的黏液残留，影响兰花的观赏价值。

防治方法：蛞蝓和蜗牛的常用防治方法为毒饵诱杀。将四聚乙醛颗粒或麦皮拌敌百虫，撒在它们经常出没的地方，可有效防治蛞蝓和蜗牛。

图 3-88　蛞蝓

图 3-89　蜗牛

三、生理性病害

除了真菌、细菌、病毒等生物因素引起的兰花病害外，一些非生物因素如光照、温度、水肥、基质等也会导致植株产生病害，即生理性病害。例如，光照过强，易引起兰花叶片的日灼斑块或萎蔫枯黄，光照不足，植株易徒长倒伏（图3-90、图3-91）；栽培温度过高，植株长势差，无活力；浇水过多，易造成基质积水导致烂根；长期不对植株施肥，易引起植株的缺素症状等，而过量施肥则容易引起肥害。虽然生理性病害不会传染，且在给予干预后，植株会恢复正常生长，但若不予以及时处理，则会给兰花的生长带来恶劣影响。因此，对兰花生理性病害同样应给予高度的重视。

图 3-90　见血青（*Liparis nervosa*）正常植株　图 3-91　光照过强时叶片枯黄的见血青（*Liparis nervosa*）植株

人们喜爱兰花，缘自几千年的文化积淀。兰花形态多姿，色彩艳丽，清香淡雅，具有极高的观赏价值、文学价值和美学价值。在赏兰的过程中，人们不仅悟出深刻的人生哲理和审美评价的至高境界，还将兰花应用到生活的方方面面，园林造景、芳香应用、食用、药用，广而细，大而全，不拘一格。兰花从而达到了外在美和内在美的和谐统一，成为世间别具一格的植物类群。

第四章

兰之应用　不拘一格

第一节
兰花的观赏

　　谈及兰花的观赏，往往离不开国兰和洋兰这两个概念。国兰又称中国兰，是产于中国的兰科兰属中地生兰的统称。洋兰，是与国兰相对而言的，多产于国外、符合西方审美观念的兰花。素雅是国兰观赏追求的方向，而"洋兰"观赏则倾向于色彩浓烈，国兰和洋兰的观赏恰好体现了中式的内敛和西式的张扬；国兰观赏对花形有着严格的标准，而"洋兰"观赏对花形没有特殊的关注；国兰的香气是其观赏的重要组成部分，而对于蝴蝶兰、卡特兰这类"洋兰"的观赏而言，香味并非优先考量的标准[1]。近几十年，不论是低调高雅的国兰还是热情奔放的"洋兰"，都深受我国消费者的喜爱且逐步应用于园林造景中。

一、国兰观赏

（一）国兰的概念及系列

　　国兰，具有"王者之香"的称号、"淡雅清馨"的风韵，是兰属中极具观赏价值的地生兰花，是上下几千年兰文化的"主角"，也是历朝历代文人墨客、达官显贵所钟爱的对象。近年来，国兰更是在我国的花卉产业中占据了重要的地位。我们日常见到的国兰包括春兰（*Cymbidium goeringii*）、蕙兰（*C. faberi*）、建兰

---

[1] 史军. 国兰与洋兰美韵大不同[J]. 森林与人类, 2011(1):28-37.

（*C. ensifolium*）、墨兰（*C. sinense*）、寒兰（*C. kanran*）、莲瓣兰（*C. tortisepalum*）和春剑（*C. tortisepalum* var. *longibracteatum*）等七个系列[1]。

1. 春兰

春兰，又名二月兰、山兰，分布相对较广，主要在我国北纬25°—34°的山区，包括广东、广西、四川、贵州、云南、福建、台湾、江西、河南、湖南、湖北、江苏、浙江、安徽、陕西南部、甘肃南部等地区。春兰单花、稀2朵，花低于叶丛，花色常为绿色或淡褐黄色而有紫褐色脉纹（图4-1），花香纯正，是幽香的典型，但也有些春兰仅有淡淡的清香，有的则无香气；春兰花期1—3月，可持续1个月左右。常见的春兰品种有'绿云''蕊蝶''大唐盛世''张荷素''月佩素''富贵金龙'（图4-2）等。

图4-1　春兰（*Cymbidium goeringii*）

图4-2　春兰'富贵金龙'

---

[1] 徐晔春. 国兰种类及其分布[J]. 花卉, 2018(23):25-27.

2. 蕙兰

蕙兰，又名九子兰、茅草兰，主要分布于我国北纬25°—34°的山区，包括广东、广西、四川、贵州、云南、西藏、河南、湖北、湖南、安徽、浙江、江西、福建、台湾、陕西、甘肃等地。总状花序具5—11朵或更多的花，花常为浅黄绿色，唇瓣具紫红色斑（图4-3），花浓香远溢而持久，花期3—5月。常见的蕙兰品种有'江山素''老染字''虞山梅''关顶''程梅''潘绿''江南新极品'等。

图4-3　蕙兰（*Cymbidium faberi*）

图4-4　建兰（*Cymbidium ensifolium*）

3. 建兰

建兰，又名四季兰、夏兰、秋兰，主要分布在我国北纬26°—28°以南区域，包括海南、广东、广西、四川、重庆、贵州、云南、湖南、福建、江西、台湾、浙江等地。总状花序具3—9（—13）朵花，花常为浅黄绿色，具紫斑（图4-4），香气较浓，花期6—10月。建兰有

图 4-5 建兰'君荷'

'千佛牡丹''君荷'（图4-5）'蓉梅''小桃红''铁骨素''金丝马尾'等品种。

4. 墨兰

墨兰，又称报岁兰、拜岁兰、丰岁兰等，分布区域较小，在北纬25°以南区域呈零星分布，如海南、广东、广西、云南、福建的西部和南部、台湾等地。总状花序具10—20朵或更多的花，花色各异，常见暗紫色或紫褐色（图4-6），也有白色、黄绿色或桃红色，具浅色唇瓣；花香浓郁，似桂花香，花期10月一次年3月。墨兰有'神州奇''企墨墨兰''企剑白墨''花溪河跌''金嘴墨兰''银边墨兰''小凤兰''桃姬''红玉'（图4-7）等品种。

图 4-6 墨兰（*Cymbidium sinense*）　　图 4-7 墨兰'红玉'

5. 寒兰

寒兰，主要生长在我国北纬 26°—28° 地区，如广西、广东、四川、贵州、云南、湖南、湖北、福建、浙江、台湾等地。叶片较四季兰细长，有大、中、细叶和镶边等品种；总状花序疏生 5—12 朵花，花色丰富，多为淡黄绿色，唇瓣淡黄色，也有紫红、深紫等色，多具杂色脉纹与斑点（图 4-8），也有无杂色的素花，香气袭人；萼片与捧瓣都较狭细，花期 8—12 月。寒兰有'金丝粉荷''天仙荷''雀梅''黄梅蝶''连城彩梅''水丹''蝶花'（图 4-9）等品种。

图 4-8　寒兰（*Cymbidium kanran*）

图 4-9　寒兰'蝶花'

6. 莲瓣兰

莲瓣兰主要生长在云南、贵州、四川、台湾等地。总状花序具 3—5 朵花，花色多样，常为淡绿黄色或白色，唇瓣具紫红色斑纹（图 4-10），花芳香浓郁，花期 12 月至次年 3 月。莲瓣兰有'黄金海岸''点苍梅''大雪素''寺小灵童''云甸红梅''玉兔'（图 4-11）等品种。

图 4-10 莲瓣兰（*Cymbidium tortisepalum*）　　　　图 4-11 莲瓣兰'玉兔'

7. 春剑

春剑，又称正宗川兰、三月兰，为莲瓣兰变种，主要分布在云南、贵州、四川、重庆、湖北等地，但以四川省内分布最广，资源最丰富，品种数量最多。总状花序具 3—5 朵花，花色淡绿黄色或白色（图 4-12），花香浓郁，花期 1—3 月。虽云、贵、川均有名品，但以川兰名品最名贵。春剑有'皇梅''典荷''银杆素'（图 4-13）'西蜀道光''玉海棠'等品种。

图 4-12 春剑（*Cymbidium tortisepalum* var. *longibracteatum*）

149

图4-13 春剑'银杆素'

（二）国兰观赏特性

国兰是我国的传统名花，品种众多，自古以来就被人们所欣赏。诸多关于赏兰、鉴兰的理论学说也随之产生，其中瓣型是国兰花部欣赏的主要标准之一，花香、叶形也是国兰的重要观赏特性。

1. 瓣型的观赏特性

国兰的花朵构成与其他兰花一样，包括3枚萼片、2枚花瓣、1枚唇瓣及1枚蕊柱。在国兰观赏中，其3枚萼片俗称"外三瓣"，其中，中萼片俗称"主瓣"，2枚侧萼片俗称"副瓣"；花瓣俗称"捧瓣"或"捧心"；唇瓣俗称"舌"；蕊柱则俗称"鼻"（图4-14）。国兰根据其萼片、花瓣、唇瓣及蕊柱等的形态可分为梅瓣、

图4-14 国兰的花朵结构

荷瓣、水仙瓣、奇瓣、竹叶瓣、素心瓣等瓣型[1]。国兰观赏常以梅瓣或荷瓣为上品，水仙瓣次之，竹叶瓣则为下品。奇瓣也备受喜爱，如牡丹瓣、蝴蝶瓣等。

图4-15　寒兰'寒霜梅'

梅瓣　外三瓣短而圆，工整匀称，结构紧凑，质地肥厚，颇似梅花的花瓣，二捧瓣内弯，起兜唇瓣舒展、坚挺、不后卷。梅瓣的品种有：'宋梅''嘉州秀梅''寒霜梅'（图4-15）'桂圆梅'等。

荷瓣　外三瓣肥厚、宽阔，急尖或钝尖，萼片收根放角明显，萼端缘紧缩、微向内卷，不起兜，似荷花花瓣。荷瓣长1—3cm不等，长宽比为2∶1至3∶1。自古便有"荷瓣真难得，八分长兮四分阔，收根细如君子花，貌比张郎更活泼"的鉴赏标准。荷瓣的品种有：'美芬荷''中华荷鼎''高荷''郑同荷''盖荷''红荷'（图4-16）'紫熹荷''望月'（图4-17）等。

图4-16　墨兰'红荷'

图4-17　墨兰'望月'

[1] 史宗义. 兰花鉴赏[J]. 中国花卉园艺,2020(10):32-35.

图 4-18　墨兰'玉观音'

水仙瓣　外三瓣较狭长，边缘稍肥厚，瓣端稍尖或近急尖，收根放角较明显，有兜或轻兜，唇瓣下垂、微卷曲，如水仙花瓣。水仙瓣的品种有：'杨春仙''泉绿梅''宜春仙''西神梅''汪字''翠一品'等。

竹叶瓣　外三瓣狭长，基粗端尖，形如竹叶，萼片端部顺尖收尾，无兜，为普通瓣型。寒兰的瓣型多为竹叶瓣。竹叶瓣的品种有：'如意素''玉观音'（图4-18）等。

奇瓣　常有花瓣数目增减、形态奇特、着色别致、异体镶嵌等几种类型（图4-19、图4-20），如蝶瓣、牡丹瓣等。蝶瓣的萼片或花瓣发生不同程度的唇瓣化，俗称蝶化，外观像蝴蝶羽翼，但花瓣数目不变，花形整齐，是动静结合的特殊形态。蝶瓣又可以分为内蝶瓣（内轮花瓣蝶化）和外蝶瓣（侧萼片部分蝶化）。蝶瓣的品种有：'苍山奇蝶''宝岛仙女''碧龙奇蝶''瑞蝶'（图4-21）等。牡丹瓣的萼片或花瓣同样发生不同程度的唇瓣化，且唇瓣多于5枚，花大，色泽鲜艳。牡丹瓣的品种有：'五彩麒麟''国香牡丹''飞天凤凰''牡丹奇花'（图4-22）等。

图 4-19　墨兰'喜菊'

图 4-20　墨兰'玉狮子'

图 4-21　春兰'瑞蝶'　　　　　　　　　图 4-22　蕙兰'牡丹奇花'

　　素心瓣　非瓣型概念，为花色概念，即唇瓣或整朵花花色纯洁无瑕。按唇瓣色泽又分为白胎素、绿胎素、黄胎素、红素、刺毛素、桃腮素等。素心瓣的品种有：'翠玉荷素''苍岩素''吴字翠'（图 4-23）等。

　　对国兰花艺的鉴赏要求常归纳到"色、肩、捧、舌、鼻、梗"六字上。（1）色，花色纯正、亮丽、娇艳为上品，花色不纯净、暗淡者均为次品或劣品，绿色类中，嫩绿为上品，老绿为中品，赤绿为下品；（2）肩，两副瓣的着生方式，左右对称、均衡为佳，以飞肩为上品，一字肩次之，落肩为下品；（3）捧，光洁、短圆、形似蚕蛾者为佳品，捧心厚、硬、黏结，均为劣品；（4）舌，短圆、端庄大方者为上品；（5）鼻，亮丽、无杂色者为上品；（6）梗，细圆高挺者为上品。

　　此外还有如下标准：（1）主瓣端正、挺直并且盖帽为上品，若反卷扭曲、左右歪斜则为下品；（2）外三瓣整体短圆、紧边内扣、收根放角，端部完整无缺、质糯、肥厚，三瓣拱抱为佳，反卷、飘翘者次之；（3）花开半月而形不变者为上品，俗称花守好，

图 4-23　墨兰'吴字翠'

花开三五天形渐变劣者为下品；（4）三枚花瓣构成近圆状，五瓣分窠，捧舌紧凑，鼻头小而平整为佳。因此有"花品须知忌落肩，高平拱抱美无捐。花瓣原来要阔头，捧心最好像风兜。收根细小方为美，五瓣分窠没处求"的兰花鉴赏口诀。

2. 花香的观赏特性

香是国兰的精髓，也是评价国兰观赏价值的一个关键性指标[1]。兰花花香常分为三种：（1）幽香，是一种使人心旷神怡、提神醒脑的芳香，沁人心脾，似有若无，久而不闻其香，而与之俱化，"着意闻时不肯香，香在无心处"的独有幽香；（2）清香，不随风飘逸，俗称"有香而无气"，只有靠近花朵时才能闻到；（3）草香，仅有淡淡的青草香，或是一种怪怪的气味，俗称"有气无香"。兰花香气清远幽雅为佳，香气浓、烈、浊、郁、闷，均次之，无香甚至有臭气者为劣。

3. 叶的观赏特性

在无花季节，对国兰品种的鉴别主要根据其叶形、叶芽、株形等。兰芽破土而出时的色泽对其品种种类的鉴别具有一定参考价值，一般而言，新芽为白色、白绿色或绿色的蕙兰，一般为绿蕙或素心瓣，新芽为白色、白绿色或绿色的春兰，则大多为素心瓣。国兰有"看叶胜看花"之说，国兰叶片常年鲜绿，或直、或垂、或扭卷，刚柔兼备，婀娜多姿，飘逸动人。国兰叶的观赏标准常有以下几点：

（1）株形：常以文气而秀美者为上品，挺直而不失文秀为刚柔并举，高大、叶片无序者为下品。

（2）叶形：叶短且宽者比长而狭者为优，叶先端钝者较锐者为优，故勺子叶、圆钝叶、永露叶、达摩叶为优，细叶、中叶、广叶次之，扭曲叶、燕尾叶为奇叶。

---

[1] 程瑾.国兰幽香之谜[J].森林与人类,2011(1):20-23.

（3）叶质：糯润、脉纹细为上品，粗糙、脉纹粗亮或夹细者次之。

（4）叶色：碧绿滴翠为佳，素心瓣叶色润而浅，奇瓣叶色多泛黄，斑叶品种，斑纹界线明显为优。

（5）叶艺：绿色叶片上出现了深绿、金黄、银白的边缘、线条、斑块或斑纹等（图4-24）。常见的叶艺类型包括覆轮、中透、中缟（图4-25）、爪、虎斑（图4-26）、流虎、曙虎、玳瑁、蛇皮、色斑及中斑等。在国兰观赏中，叶艺兰优于青叶兰；在叶艺兰中，中透艺、斑缟艺为上品，覆轮艺、普通缟艺为中品，爪艺为下品。

图4-24 墨兰'桑原晃'　　图4-25 覆轮、中透、中缟　　图4-26 虎斑叶艺
　　　　　　　　　　　　结合的墨兰'兰阳之松'

二、"洋兰"观赏

"洋兰"泛指兴起于西方，国外培育的、符合西方审美的热带、亚热带的兰花栽培品种。有相当长的一段历史时期，除国兰外的兰科所有植物种类，如大花蕙兰、蝴蝶兰、万代兰、石斛兰、兜兰等都被称为"洋兰"，甚至直到现在在很多兰友心中，这些种类仍旧属于"洋兰"的范畴。实际上，这些被称为"洋兰"的兰花种类在我国的华南、西南的热带和亚热带区域也有分布，且当前我国有很多科研人员、科研机构致力于蝴蝶兰、万代兰、石斛兰、兜兰等新品种的培育。随着

时代的变迁和国人对我国兰花资源认识的深入，现在人们更愿意用"热带兰"这一概念来区别于"国兰"。而"热带兰"一词也不能涵盖除国兰外的其他所有的兰花种类，甚至"国兰"本属中一些物种在热带、亚热带地区也有分布，将"国兰"与卡特兰、蝴蝶兰、万代兰、石斛兰等这种以属名作为类别表述的概念相提并论，应是更为科学的使用方法。因"洋兰"一词在民间还有非常普遍的使用度，本书为表述方便，仍沿用"洋兰"一词，并用引号加以标识。

"洋兰"一般花大、花多、花色绚丽、花期持久，花期多为春季或秋季，持花时间为7—70天。其适宜生长温度为15℃—32℃，旺盛生长期基本在春夏季节。除了花外，气生根和新芽也有较高的观赏性。"洋兰"的鉴赏一般以其花色、花形、花瓣质地等性状为主。（1）花色，"洋兰"的花瓣和花萼的颜色通常相同，而唇瓣则有多样的颜色，两者色彩对比强烈为佳，纯色较杂色佳，红色中以深红、黄色中以金黄、紫色中以深紫为上品。（2）花形，单花品种以花大为佳，多花品种以花数多、排列紧密为佳，花朵排列以花瓣、萼片和唇瓣间距大为上品。（3）花瓣质地，厚薄适中为佳。下面对常见的"洋兰"进行介绍。

1. 卡特兰

卡特兰有"洋兰之王"的美称，与文心兰、蝴蝶兰、石斛兰共称为世界四大观赏"洋兰"。狭义的卡特兰是兰科卡特兰属（*Cattleya*）植物的统称，分布于美洲热带和亚热带，均为附生植物。花单朵或数朵，多着生于假鳞茎顶端，花大，有特殊香味，花色鲜艳而丰富，极具观赏性。卡特兰拥有大量的优良品种（图4-27、图4-28），花期长，一年四季都有不同品种开花，根据开花习性，卡特兰分为春花型、夏花型、秋花型、冬花型。而广义的卡特兰泛指卡特兰属及其近缘属所有原生种及品种，拥有更为繁多的种类。

图 4-27　卡特兰品种 'Magpie'　　　　图 4-28　卡特兰品种 'Hanedas'

2. 蝴蝶兰

　　蝴蝶兰是兰科蝴蝶兰属（*Phalaenopsis*）植物的统称，有"洋兰皇后"的美称，是最早为人所发现的"洋兰"。蝴蝶兰属植物分布于赤道南北纬 23° 内，包括喜马拉雅山、东南亚、中国、菲律宾、马来半岛、新几内亚岛及澳大利亚北部等地，多生长在热带森林或雨林的高树上。其分类特征详见第二章第三节。蝴蝶兰持花时间可达 2—3 个月，色彩繁多，有纯白、粉红、紫色、黄色等颜色，其品种亦非常丰富（图 4-29、图 4-30）。

图 4-29　'冰山美人'　　　　图 4-30　'昌新皇后'

3. 万代兰

万代兰是兰科万代兰属（*Vanda*）植物的统称，分布于印度、喜马拉雅山脉、东南亚、印尼、菲律宾、新几内亚、中国南部及澳大利亚北部。其属名 *Vanda* 原为印度一带的梵语，意思是挂在树身上的兰花。中国把它译为"万代"，一方面是音译，另一方面是因其具有很强的生命力，是典型的附生兰，只要和空气接触，肥厚的圆柱状气生根便不断从茎上长出，有能够世世代代永远相传下去之意。万代兰的花、叶均具有较高的观赏价值，花序着生花朵十几朵以上，从下而上依序绽放，可连续观赏 30—40 天；花萼发达，两片侧萼片尤其大，是整朵花最夺目的部分，花色繁多，有黄色、红色、紫色、蓝色等多种单色（图 4-31），还有布满斑点或网纹的双色（图 4-32）。

图 4-31　大花万代兰（*Vanda coerulea*）　　　图 4-32　白柱万代兰（*Vanda brunnea*）

4. 石斛兰

狭义的石斛兰是兰科石斛属（*Dendrobium*）植物的总称，主要分布在热带和亚热带亚洲、澳大利亚和太平洋岛屿。而广义的石斛兰泛指树兰亚科（Epidendroideae）石斛兰亚族（Dendrobiinae）的整个大家族。我国石斛兰资源十分丰富，主要分布于秦岭—淮河以南，以云南、贵州、广西、广东等地居多。石斛兰肉茎多粗如中指，棒状丛生；总状花序或有时伞形花序，下垂、斜出或直立；花形各异，花色繁多。石斛兰常用的杂交亲本有大苞鞘石斛（*D. wardianum*）、鼓槌石斛（*D. chrysotoxum*）、兜唇石斛（*D. aphyllum*）、密花石斛（*D. densiflorum*）、球花石斛（*D. thyrsiflorum*）、肿节石斛（*D. pendulum*）等。

5. 文心兰

文心兰是兰科文心兰属（*Oncidium*）植物的总称，产自美国、墨西哥、圭亚那和秘鲁，是世界重要的盆花和切花种类之一，被插花界誉为切花"五美人"之一。其花序分枝良好，花形优美，花色亮丽，近看形态像中文"吉"字，所以又名吉祥兰。其盛开的小花在微风吹拂下宛如一群穿着衣裙翩翩起舞的女郎，故又名舞女兰、跳

图4-33　棒叶文心兰（*Oncidium ascendens*）

舞兰（图4-33）。文心兰的唇瓣通常3裂，或大或小，呈提琴状，在中裂片基部有一脊状凸起物，脊上有凸起的小斑点，颇为奇特，故又名瘤瓣兰。假鳞茎卵形、纺锤形、圆形或扁圆形；叶片1—3枚，可分为薄叶种、厚叶种和剑叶种；花形独特，花姿俏丽、潇洒，其大小差异大，有的极小，有些又极大；花茎轻盈下垂，花朵奇异可爱，形似飞翔的金蝶，极富动感；花色亮丽多彩，花朵数量变化多端，有些一个花茎只有1—2朵花，有些可达数百朵，不一而足。

三、野生兰花之美

野生兰花不同于人工培育的园艺品种，它们不是躲藏在深山幽谷里，就是深藏于热带密林中，平日难得一见，相较于人工培育的兰花品种，这些野生兰花似乎更具出尘的"仙气"。而兰科植物是生物多样性保护中的"旗舰"类群，欣赏野生兰花之美的同时，更要保护好野生兰花。

野生兰科植物按其观赏特性分成以下四大类：

（一）观花型

绝大多数的野生兰花，其花均具有极高的观赏价值，大花型（单花径 >3.5cm）、多花（单个花序 >20 朵）、色泽鲜艳、花期长及有花香的种类，其观赏价值更为突出（图 4-34），如构兰属（*Cypripedium*）、兜兰属（*Paphiopedilum*）、斑唇卷瓣兰（*Bulbophyllum pecten-veneris*）、赤唇石豆兰（*B. affine*）、二色卷瓣兰（*B. bicolor*）、芳香石豆兰（*B. ambrosia*）、橙黄玉凤花（*Habenaria rhodocheila*）、鹅毛玉凤花（*H. dentata*）、三褶虾脊兰（*Calanthe triplicata*）、龙头兰（*Pecteilis susannae*）、苞舌兰（*Spathoglottis pubescens*）、鹤顶兰（*Phaius tancarvilleae*）、紫花鹤顶兰（*P. mishmensis*）等等。

（二）观叶型

兰花叶形多样，色彩复杂，许多种类叶片具有较强的观赏性。如兰属（*Cymbidium*）带状的叶形挺拔、飘逸，柔中带刚，骨子里充满"刚韧"和"执着"，其叶片四季常绿，带有叶艺，可经年赏叶。叶艺也是兰友赏兰追求的重要指标之一。除了兰属外，叶形奇特、叶色美丽或带有斑纹者也非常具有观赏性，如金线兰（*Anoectochilus roxburghii*）、血叶兰（*Ludisia discolor*）、云叶兰（*Tainia tenuiflora*）等（图 4-35）。

图 4-34　观花型野生兰科植物

图 4-35　观叶型野生兰科植物

（三）花与叶兼具型

兰花中有兼具观花和观叶特征者，如：兰属、兜兰属中的很多种类，鸟舌兰（*Ascocentrum ampullaceum*）、赤唇石豆兰（*Bulbophyllum affine*）、直唇卷瓣兰（*B. delitescens*）、斑唇卷瓣兰（*B. pecten-veneris*）、玫瑰宿苞兰（*Cryptochilus roseus*）、毛瓣杓兰（*Cypripedium fargesii*）、白绵绒兰（*Dendrolirium lasiopetalum*）、半柱毛兰（*Eria corneri*）、开宝兰（*Eucosia viridiflora*）、歌绿开宝兰（*E. seikoomontana*）、三蕊兰（*Neuwiedia zollingeri* var. *singapureana*）、短穗竹茎兰（*Tropidia curculigoides*）、深圳香荚兰（*Vanilla shenzhenica*）等（图4-36）。

图4-36　花与叶兼具型野生兰科植物

（四）观株型

兰科植物中还不乏整株观赏价值高的种类，如具有繁茂气生根的附生兰、株形挺拔的地生兰，如：多花脆兰（*Acampe rigida*）、牛齿兰（*Appendicula cornuta*）、竹叶兰（*Arundina graminifolia*）、蛇发石豆兰（*Bulbophyllum medusae*）、三褶虾脊兰（*Calanthe triplicata*）、管叶牛角兰（*Ceratostylis subulata*）、高宝兰（*Cionisaccus procera*）、华西杓兰（*Cypripedium farreri*）、尖喙隔距兰（*Cleisostoma rostratum*）、大序隔距兰（*C. paniculatum*）、蛇舌兰（*Diploprora championii*）、宽瓣钗子股（*Luisia ramosii*）、寄树兰（*Robiquetia succisa*）、虎斑兜兰（*Paphiopedilum tigrinum*）等（图 4-37）。

图 4-37　观株型野生兰科植物

四、兰展

（一）全球三大兰展

世界各地以兰花为主题的展览不胜枚举，在国际上最具影响力的兰展主要是世界兰花大会（World Orchid Conference，WOC）、亚洲太平洋兰花展暨兰花会议（亚太兰展，Aaia Pacific Orchod Conference，APOC）以及中国台湾兰展[1]。

享有"兰花奥林匹克"声誉的世界兰花大会是目前参展国家、地区及人数最多、影响力最大的兰花顶级盛会，代表了世界兰花会议及展览的最高水平。1954年以来，世界兰花大会每3年举办一次，至今已在美国、英国、法国、日本、泰国、马来西亚等国家共举办过22届。第22届世界兰花大会在厄瓜多尔的瓜亚基尔会展中心举行，三亚国际热带兰花博览会组委会作为国内唯一被邀请参展的代表团，带去了大型景观作品——《鹿城之恋》（图4-38），并夺得1个单株竞赛金奖、3个单株竞赛银奖和1个景观布置铜奖。

亚太兰展起源于亚洲，首届亚太兰展于1984年在日本举办，也是每3年举办一届。截至目前，亚太兰展已在中国、日本、韩国、泰国、印度尼西亚、澳大利亚等地成功举办过12届。2010年，第十届亚太兰

图4-38　世界兰花大会上三亚国际热带兰花博览会组委会的代表作——《鹿城之恋》

[1] 田娅玲, 胡永红. 专题性花展可持续发展之路的对策与思考——以上海国际兰展为例[J]. 绿色科技, 2020(05):17-20.

展在我国重庆市举办，这是亚太兰展首次在中国大陆举办，展会主题为"兰花聚巴渝·沁香飘世界"，宗旨为"展示、交流、观摩、合作"。

　　台湾兰展是中国台湾最重要的大型国际兰花展销会，也是世界知名的兰花产销交流平台，至今已走过十余载。其中，2017年的第十三届台湾国际兰展主题为"Discover sustainable orchids 台南台兰·生生不息"，通过虚拟现实（VR）技术，打破时间与空间的限制，把视、听与触结合，让大众用另一种方式体验兰花的世界。2019年的台湾国际兰展同样在台湾兰花科技园区登场，以"兰境－阅读台南"为主题，将兰花产业与台南近400年历史结合，使用各种兰花呈现不同时期的台南在文化、艺术、庆典、产业等方面的特色（图4-39），让民众感受了台南的历史风华，也显露出台湾在兰花领域的实力。

图4-39　2017年台湾国际兰展

（二）中国兰展

近年来，很多全国性的团体机构积极行动，先后组织了各种兰花展示交流会。中国植物学会兰花分会组织的"中国兰花大会"，2007 年在浙江宁波举办了第一届，重点突出中国特色的国兰文化及兰花药用价值，打造兰花学术和文化交流的平台，此后每两年举办一届，先后在山东莱芜、云南大理、北京房山、福建连城和海南万宁等地举办。第五届中国（冠豸山）兰花大会于 2017 年 11 月 21 日—26 日在福建省连城县兰花博览园举办，以"花开两岸，大美冠豸；与兰共舞，价值连城"为主题（图 4-40）。1994 年起，中国花卉协会兰花分会每年举办一届中国兰花博览会，以发展中国传统名花国兰为主，并创办了《中国兰花》《兰花信息》等内部期刊，实行有酬发行。中国花卉协会从 2006 年起，支持三亚每年举办一次中国（三亚）国际热带兰花博览会，该博览会目前已成为亚洲地区重要的兰花盛会（图 4-41）。第十二届中国（三亚）国际热带兰花博览会于 2018 年 1 月 12 日—18 日在三亚兰花世界文化旅游区举办，主题为"丝路花为媒，兰香满天涯"，展区总占地面积 8 公顷，设公共景观展示区、新春花艺展览区、单株竞赛区、组合盆花竞赛区、鲜切花竞赛区、兰花景观竞赛区、花艺设计竞赛区等 19 个区域（图 4-41）。

图 4-40　第五届中国（冠豸山）兰花大会部分兰花作品

图 4-41 第十二届中国（三亚）国际热带兰花博览会部分兰花作品

　　国内植物园在举办兰花专题展方面也给出了漂亮的答卷。上海辰山植物园
2013 年 3 月 29 日—4 月 22 日与《新民晚报》合作举办首届上海国际兰展，以倡
导兰文化，引导市民亲近植物，陶冶情操，提升品位为目标，成功吸引了人们的
广泛关注，创下了近 28 万人次的参观纪录。从 2014 年起，辰山国际兰展每两年
举办一届，已经成为国内颇具影响力的兰展。2018 年 3 月 23 日—4 月 8 日，以
"共赏兰韵，品质生活"为主题的第四届上海国际兰展在上海辰山植物园举办，展
会上来自四大洲的 600 种 3 万株兰花齐聚一堂（图 4-42）。2021 年 2 月 5 日，第
18 届中国科学院武汉植物园热带兰展开幕，以"材·艺"为主题，布置 6 个主景
和 6 个小景，展出石斛属（*Dendrobium*）、兜兰属（*Paphiopedilum*）、蝴蝶兰属
（*Phalaenopsis*）等兰科植物 100 多种（含品种）8000 多株。兰展使用 9 种新型环
保装饰材料，如不锈钢波纹板、花卉激光膜、木丝吸音板、软镜子、热熔管、草
编纸等，实现了热带兰"材"与"艺"的完美结合（图 4-43）。在每年的春季，
中国科学院西双版纳热带植物园、中国科学院武汉植物园、中国科学院华南植物
园、北京植物园、深圳市仙湖植物园等国内主要植物园都会陆续举办各具特色的

图 4-42　第四届上海国际兰展盛况

图 4-43　第 18 届中科院武汉植物园热带兰展部分作品 左：用不锈钢波纹板布置的热带兰花展品 右：用花卉激光膜布置的热带兰花展品《转动幸运》

　　兰花展览，给人们带来不一样的兰花盛宴。兰展以栽培的活体兰花展示为主，通过植物铭牌、科普展板、科普讲座、现场解说以及兰花专题探索活动，有效地普及了兰花科学知识，共同提升了全国人民对兰花的科学认知。

　　也有一些地方团体、企业及兰友组织的兰展。如由深圳市花卉协会主办、深圳市东华园林股份有限公司承办的"2019 年深圳兰展"，以恭贺新年为主题，在室内和室外通过形色各异的兰花打造了 20 多个兰花景点。2021 年，由兰友组成的"一兰一景"团队发起第三届"一兰一景"线上兰展，收到全国 20 个省及港台地区的千余件兰花作品，优选一百件作品进入网展，其中令人称道的作品如《寒兰'开心荷'》，此作品细叶寒兰四苗一杆花，花朵中宫结圆、大圆舌、外瓣拱抱，久开如初，美若天仙（图4-44）。

图4-44 《寒兰'开心荷'》

第二节
兰花的园林造景

　　兰花在我国有悠久的栽培历史，是园艺花卉中的重要栽培植物。兰花在古典园林中通常是身份和品位的象征，仅供少数人欣赏[1]。中国兰文化，历久而弥新，兰花在园林造景中的应用也随着兰文化的发展而不断进步。兰花因其种类繁多，观赏性状丰富，生态型多样，在现代园林造景中有着广泛的应用。兰花的园林应用可以丰富城市景观、美化环境以及体现城市特色，在城市绿化与公共空间中不仅承担着观赏与休闲游乐的功能，还具有科学研究、植物多样性保护、科普教育等重要功能。

一、专类园

　　兰科植物专类园，是指在一定范围内以兰科植物为明确主题和主要景观元素的园地，承载兰科植物的科学研究、科普教育、游览观赏甚至是种质资源保存等功能。世界上大多数植物园都设有兰科植物专类园，如新加坡植物园兰花园，也叫新加坡国家兰花园，占地约有 3 万平方米，有兰科植物 3000 多种 6 万多株，是新加坡植物园最具特色、最吸引游人的园区。与世界其他植物园一样，我国众多植物园都设有专门的兰科植物专类园，如中科院西双版纳热带植物园、中科院武汉植物

---

[1] 李冬妹,叶秀粦.兰花在园林中的应用[J].顺德职业技术学院学报,2005(2):31-33.

园、中科院华南植物园、仙湖植物园、南宁青秀山植物园、东莞植物园和南岭植物园。全国兰科植物种质资源保护中心建有"深圳兰谷"，收集保存兰科植物1800余种，是国内目前保育兰科植物最多的专类园。此外，福建农林大学建有"森林兰苑"兰花生态园，三亚柏盈热带兰花产业有限公司在三亚建设了兰花世界文化旅游区。在科学性、艺术性和功能性相统一的原则下，兰花专类园一般由兰花花圃、科研区和展览区组成。园中兰花景观造型各异，其中兰花与标识牌、景石、休闲建筑设施、特色雕塑等有机结合，形成步移景异的景观布局，游赏体验丰富。我国的兰花专类园还常采用传统古典园林的造景手法，是具有中华民族独特兰文化内涵和现代时尚风格的特色兰花专类园。

二、附植景观

自然界中附生兰多附生于树上或岩石表面，园林造景中常遵循这一生长习性，将各色热带兰花附植或悬挂于树干上、石缝间及其他园林造型材料上，通过兰花花丛、花群、花境等形式，配合溪流、瀑布、园林小品及其他植物，因地制宜与地形地貌、生境营建相配合，可营造丰富的自然式园林，形成别具风格和韵味的园林景观（图4-45）。兰花附植或植于假山绿地之间，与山体交叠环绕，姿态摇曳，气质出尘；或植于特色木板上、吊盆中，可独立成景，也可悬挂装点墙苑、林木；或附植于枯树干或木桩上，景致自然流畅、错落有致。以华南植物园兰园为例，其"兰园八景"中的"宁静致远"和"别有洞天"两处景点选植了卡特兰属（*Cattleya*）、石斛属（*Dendrobium*）、蝴蝶兰属（*Phalaenopsis*）、文心兰属（*Oncidium*）、万代兰属（*Vanda*）、火焰兰属（*Renanthera*）等热带附生兰花。在"宁静致远"景点，兰花附植于清溪枯木、假山叠石，兰香淡淡，给人以山水空灵之感；在"别有洞天"景点，兰花附植于叮咚泉水之旁的树木山石上，花开时节，争奇斗艳，别有天地。

图 4-45　兰花附植园林景观

三、盆栽观赏

　　兰科植物种类丰富，有的花大色艳、花香馥郁，有的叶色美丽、叶形独特，有的花叶兼美，观赏性状极为丰富，兰花盆栽因此成为园林布局造景的首选之一。兰花盆栽应用简单灵活，便于四季更换不同的观赏兰花。布置方式各异，装饰美化效果也各不相同。在一些造景中，常采用兰花盆栽、花钵、花槽、花篮等小型装饰手法装点空间，如园林入口侧、台阶旁、房檐下、厅堂里，多利用巧妙、精致、生动的兰花盆栽打破空间的生硬（图 4-46）。室内兰花盆栽有用作盆景来点缀房屋一角，美化环境、营造清幽的休息区；也有商场、宾馆、酒店通过独具创意的兰花花艺造型装饰布置来达到吸引游客、宣传企业的目的（图 4-47）。

图 4-46 兰花盆栽装饰景观图

图4-47　兰花花艺造型

四、地栽观赏

兰花中不乏种类丰富的地生类型，它们常集观赏、芳香于一体，在园林中常被用作地栽景观或地被植物，以点线面的形式构建园林景观。不同的兰花可以应用于不同的种植形式，可单株种植或三两株丛植在庭园里、假山石上、溪边，点缀园林景观，生机盎然；可片植于林下、草坪一角、岩石一角，与其他植物配植，增添趣味性与灵动感；也可与其他乔、灌、草或与附植兰花景观及不同的花器种植等形式结合，形成高低错落、灵动活泼的园林景观（图4-48）。

图4-48 兰花地栽景观

　　兰花在园林造景中，具有其他植物不可取代的独特的观赏和文化价值。然而兰花在园林中的应用尚有非常大的发展空间。希望随着现代科学技术的发展和兰花生产成本的降低，能有更多的兰花种类进入园林造景中，通过合理的配植、养护，为现代园林营造出独具风韵的景观。

第三节
兰花的芳香应用

　　狭义上，芳香植物是可散发出香气和可供提取芳香油的植物的总称；广义上，芳香植物是兼有药用价值和香料植物共有属性的植物类群[1]。据估计，多达75%的兰花是"芳香的"。兰科芳香植物可作为香料，应用于日化产品的芳香剂和皮肤调理剂、食品的美味剂、园林的芬芳剂、闻香者的心绪调节剂等的制作中。

一、兰香之史，源远流长

　　我国芳香植物的使用，可追溯到五千多年前的神农氏时期[2]。传说上古时期，神农尝遍百草，分辨它们是否可食用、可药用抑或有毒性，带领人们认识香草、运用香草。《礼记》中记载"周人尚臭"，"臭"指"芳香之气"，"男女未冠笄者，……皆佩容臭"，"容臭"便是指代一种装有芳香植物的饰品，说明周朝人已将芳香植物用于祭祀先祖。诸如此类的记载数不胜数，可见我国使用芳香植物的历史之悠久。

　　因兰香之独特，在中国古代民间制香兴起之时便有兰花的应用。《燕居香语》中的"晚唐梦"记载了兰花香方：采摘兰花、茉莉、玉兰、桂花入臼捣泥，丁香研为细粉，沉香研为粗粒，丁、沉二香混合置于花泥中再捣，加入适量蜂蜜制成

---

[1][2] 何雪雁,金荷仙,姜嘉琦.芳香植物的应用历史及园林应用研究进展[J].浙江林业科技,2019,39(4):87-94.

香饼，用于熏香。陆游的《焚香赋》中提到用荔枝皮与兰和菊的花朵、柏树的果实制作熏香："暴丹荔之衣，庄芳兰之茁。徙秋菊之英，拾古柏之实。纳之玉兔之臼，和以桧华之蜜。掩纸帐而高枕，杜荆扉而简出。方与香而为友，彼世俗其奚恤。"宋人制香技术发达，对喜爱的花香会用合香的技术，根据不同香料的特性组合模拟花的香气。《陈氏香谱》中记载了模拟兰花香气的香方 12 个，如笑兰香、兰蕊香、兰远香等。"笑兰香序"中很详细地讲解了笑兰香"君臣佐使"的配方：以沉香为君香，鸡舌（丁香）为臣香，北苑茶、郁金、铅粉、麝香为佐香，百花之液蜂蜜（或花露）为使香。香方中的麝香用作香引，与沉香、丁香相合而转成花香清幽之气，加上蜜气甜腻，兰花幽香隐然欲出。明末董若雨常采集兰花以水蒸之，让兰花的香气徐徐散出，其在记录蒸香感受的《众香评》中说蒸兰花之香如"展荆蛮民画轴，落落穆穆，自然高绝"。

二、兰之香用，不胜枚举

（一）兰花香料

香荚兰，又称香草、香兰、香草兰、梵尼兰、香果兰，为兰科香荚兰属（Vanilla）植物，是世界上最名贵的天然香料植物之一（图 4-49），素有"香料之王"的美誉。香荚兰豆（图 4-50）具有和谐、优雅的特有芳香气味，被广泛地应用于各个领域，且具有较高的开发应用价值。香荚兰的历史始于 14 世纪中美洲的玛雅文化。玛雅人称香荚兰为"vanilla zizbic"，用腌制的香荚兰豆与树脂混合在一起产生的香气为神圣的寺庙喷香，且将这种绿色的香荚兰豆用来治疗有毒昆虫的咬伤。此外，还有众多兰花被用作香料，如：折叶兰（*Sobralia* spp.），其果有类似香荚兰豆的香味，巴拿马人常用其果作香料；马来白点兰（*Thrixspermum malayanum*），其果亦有香荚兰豆的香味，在马来西亚常被用作香料；石斛属

（*Dendrobium*）植物，日本皇家贵族常用其熏香衣服；虎斑奇唇兰（*Stanhopea tigrina*）、芳香安格兰（*Angraecum fragrans*），其花均会散发出香荚兰豆的芳香，晒干后可作香料[1]。

图 4-49　香荚兰（*Vanilla planifolia*）　　图 4-50　香荚兰豆

（二）护肤美容

兰科植物含多种美容护肤活性成分，具有保湿、抗氧化、美白、抗衰、抗炎抑菌等作用。研究发现，大花万代兰（*Vanda coerulea*）茎与根的乙醇或水提取物可通过调节水通道蛋白 AQP3 和淋巴上皮 Kazal 型相关抑制剂 LEKTI 蛋白的表达来增加皮肤水分，达到补水保湿效果[2]。倒距兰（*Anacamptis pyramidalis*）花精油可通过清除 DPPH 自由基活性达到抗氧化效果[3]。黑珊瑚万代兰（*V. tessellata*）

[1] 苏宁. 兰花历史与文化研究[D]. 北京: 中国林业科学研究院, 2014.

[2] Hadi H., Razali S. N. S., Awadh A. I.. A comprehensive review of the cosmeceutical benefits of *Vanda* species (Orchidaceae)[J]. Natural Product Communications, 2015,10(8):1483.

[3] Robustellidella Cuna F. S., Calevo J., Bari E., *et al*. Characterization and antioxidant activity of essential oil of four sympatric orchid species[J]. Molecules, 2019, 24(21): 3878.

叶子具有 NO 自由基清除活性，可通过抑制自由基 NO 释放达到抗炎效果 [1]。美冠兰属植物 *Eulophia macrobulbon* 根的乙醇提取物通过显著减少巨噬细胞中促炎症细胞因子、肿瘤坏死因子的产生以及一氧化氮合成酶的表达，增加抗炎症细胞因子的产生，达到抗炎效果 [2]。白拉索兰（*Brassocattleya* Marcella KOSS）茎、叶的丁二醇提取物可通过抑制黑色素体形成、黑色素体向角质细胞运输过程中的重要基因的表达，减少表皮黑色素的出现，达到美白效果 [3]。浅裂沼兰（*Crepidium acuminatum*）叶和茎的甲醇提取物可抑制胶原蛋白酶、弹性蛋白酶、酪氨酸酶和黄嘌呤氧化酶等皮肤老化相关酶的活性，达到抗衰老作用 [4]。皇后兰（*Grammatophyllum speciosum*）假鳞茎的乙醇提取物可抑制弹性蛋白酶活性，可作为抗衰老成分 [5]。蜥蜴兰属植物 *Himantoglossum robertianum* 假鳞茎和根中含有的菲类化合物具有大肠杆菌和金黄色葡萄球菌抑菌活性 [6]。

据统计，《已使用化妆品原料目录》已含有 45 类兰花原料（表 4-1）。国内外现已开发含有多种兰科植物提取液或萃取物的化妆品与芳香产品。国际知名品牌法国娇兰与香奈儿等也应用兰花开发了一系列产品。娇兰御廷兰花卓能焕活系列产品，以珍贵兰花精粹重焕皮肤细胞活力。香奈儿奢华精萃系列产品，以被誉

[1] Khan H., Belwal T., Tariq M., *et al*. Genus *Vanda*: A review on traditional uses, bioactive chemical constituents and pharmacological activities[J]. Journal of Ethnopharmacology, 2019(229): 46−53.

[2] Schuster R., Zeindl L., Holzer W., *et al*. *Eulophia macrobulbon* - an orchid with significant anti−inflammatory and antioxidant effect and anticancerogenic potential exerted by its root extract[J]. Phytomedicine, 2017(24): 157−165.

[3] Archambault J. C., Cauchard J. H., Lazou K., *et al*. *Brassocattleya Marcella* Koss orchid extract and use thereof as skin depigmentation agent: KR20160092490[P]. 2016−08−02.

[4] Bose B.,Choudhury H., Tandon P., *et al*. Studies on secondary metabolite profiling, anti−inflammatory potential, in vitro photoprotective and skin−aging related enzyme inhibitory activities of *Malaxis acuminata*, a threatened orchid of nutraceutical importance[J]. Journal of Photochemistry and Photobiology B: Biology, 2017(173):686−695.

[5] Yingchutrakul Y., Sittisaree W., Mahatnirunkul T., *et al*. Cosmeceutical potentials of *Grammatophyllum speciosum* extracts: anti−inflammations and anti−collagenase activities with phytochemical profile analysis using an untargeted metabolomics approach[J]. Cosmetics, 2021, 8(4):116.

[6] Badalamenti N., Russi S., Bruno M.,*et al*. Dihydrophenanthrenes from a Sicilian accession of *Himantoglossum robertianum* (Loisel.) P. Delforge showed antioxidant, antimicrobial, and antiproliferative activities[J]. Plants (Basel), 2021, 10(12):2776.

为"绿色钻石"的马达加斯加五月香草荚果的提取液为核心赋活成分，赋予了配方密集修护功效。近年来兴起的国产护肤品牌"植物医生"也利用石斛、白及、天麻等研发了一系列的护肤品，并正在致力于开发其他的兰科植物护肤品。

表 4-1 《已使用化妆品原料目录》兰科植物提取物 [1]

序号	兰科植物种类	化妆品原料
1	白及 (*Bletilla striata*)	白及根 / 柄粉
2		白及根粉
3		白及根水
4		白及根提取物
5		白及茎提取物
6		白及提取物
7	白拉索兰 (*Brassocattleya* Marcella Koss)	白拉索兰叶 / 茎提取物
8	虾脊兰 (*Calanthe discolor*)	虾脊兰提取物
9	雨百合肉唇兰 (*Cycnoches cooperi*)	雨百合肉唇兰花 / 叶提取物
10		雨百合肉唇兰花提取物
11	虎头兰 (*Cymbidium hookerianum*)	虎头兰根提取物
12		虎头兰花提取物
13		虎头兰提取物
14	寒兰 (*Cymbidium kanran*)	寒兰提取物
15	莲瓣兰 (*Cymbidium tortisepalum*)	莲瓣兰花提取物
16	欧洲杓兰 (*Cypripedium pubescens*)	欧洲杓兰提取物
17	斑点红门兰 (*Dactylorhiza maculata*)	斑点红门兰花提取物
18	鼓槌石斛 (*Dendrobium chrysotoxum*)	鼓槌石斛提取物
19	蝴蝶石斛 (*Dendrobium bigibbum* var. *superbum*)	蝴蝶石斛花提取物
20	环草石斛 (*Dendrobium loddigesii*)	环草石斛提取物

[1] 国家药品监督管理局https://www.nmpa.gov.cn/directory/web/nmpa/xxgk/ggtg/qtggtg/20210430162707173.html

序号	兰科植物种类	化妆品原料
21	黄草石斛（*Dendrobium chrysanthum*）	黄草石斛提取物
22	金钗石斛（*Dendrobium nobile*）	金钗石斛茎提取物
23		金钗石斛提取物
24	马鞭石斛（*Dendrobium fimbriatum* var. *oculatum*）	马鞭石斛提取物
25	铁皮石斛（*Dendrobium officinale*）	铁皮石斛茎提取物
26		铁皮石斛提取物
27		铁皮石斛原球茎
28	细茎石斛（*Dendrobium moniliforme*）	细茎石斛茎提取物
29		细茎石斛提取物
30	小粉花石斛（*Dendrobium* hybrid）	小粉花石斛叶提取物
31	天麻（*Gastrodia elata*）	天麻根提取物
32		天麻提取物
33	卡特兰（*Laeliocattleya drumbeat*）	卡特兰叶 / 茎提取物
34	强壮红门兰（*Orchis provincialis*）	强壮红门兰花提取物
35		强壮红门兰提取物
36	蝴蝶兰（*Phalaenopsis amabilis*）	蝴蝶兰提取物
37	蝴蝶兰阿努比斯（*Phalaenopsis anubis*）	蝴蝶兰阿努比斯提取物
38	罗氏蝴蝶兰（*Phalaenopsis lobbii*）	罗氏蝴蝶兰提取物
39	棒叶万代兰（*Vanda teres*）	棒叶万代兰提取物
40	大花万代兰（*Vanda coerulea*）	大花万代兰提取物
41	扁叶香果兰（香荚兰）（*Vanilla planifolia*）	扁叶香果兰果
42		扁叶香果兰果提取物
43		扁叶香果兰果油
44		香荚兰提取物
45	塔希提香草兰（*Vanilla × tahitensis*）	塔希提香草兰果提取物

（三）兰香园艺

香味是名优兰花的重要园艺性状之一。兰花的香味或浓或淡，清香怡人，在园林景观营造中合理地运用兰花的香味能给我们的感官带来更丰富的体验。革命家朱德曾写道，"越秀公园花木林，百花齐放各争春。唯有兰花香正好，一时名贯五羊城"，可见兰花香味在景观营造中的重要性。在园林景观中配置幽香的兰花，游人可以同时享受美丽的景观和怡人的香气，沉浸于"世外兰源"的秘境中，忘记喧嚣和烦恼[1]。具有特殊香气且适用于园林景观的兰花很多，如：澳洲石斛（*Dendrobium kingianum*）花香浓郁，花小而多，适合岸边丛植，水面丛植，组合盆栽；巧克力文心兰或迷你、甜香型文心兰有浓郁的特殊香味，花多，花蜡质，适合镶嵌在岸边石头上或岸边丛植；芳香的大花型卡特兰在室内景观水体环境中应用较多[2]。

三、兰香之路，未来可期

兰花香气化合物是由若干低沸点、低极性、具挥发性的小分子化合物共同组成的，主要包括萜烯类化合物、芳香族化合物和脂肪酸及其衍生物等。当前，多种芳香兰科植物的芳香成分已被解析，挥发性化合物在植物体内合成调节代谢途径研究也取得了重大突破。近年来，在人工繁育扩大兰科种质资源的基础上，笔者研究团队对芳香兰花天然化合物进行提取、分析，研发独具兰香特色的化妆品、香氛产品等，形成较为系统的兰花芳香应用体系。随着新材料的发展，如纳米纤维素复合芳香功能材料，可实现在丝绸、皮革和纸张等材料上的直接加香，让兰

---

[1] 刘华. 芳香植物的功能与应用[J]. 园林, 2017(8):26-29.
[2] 张如瑶, 蒋昌华. 兰科植物在室内景观水体中的应用[J]. 耕作与栽培, 2019(4):57-59.

香走进人们生活的各个角落。兰花的芳香应用还可往兰花产业观光园、生态园等与芳香疗法相关的自然生态景观发展，兼具生产、开发、科普功能，可让更多的人亲近芳香兰科植物，品味兰香文化。

第四节
兰花的药用及食用

在源远流长的中医药发展过程中，我国劳动人民早就对许多兰科植物有了认识、研究和应用，如石斛（*Dendrobium sp.*）、天麻（*Gastrodia elata*）、白及（*Bletilla striata*）等都是传统的药用植物。我国"食药同源"的食疗文化亦历史久远，其思想也是中医养生思想的反映。我国自古以来就有兰花食疗的传统，或作汤点，或为烹饪，在各地的药典和养生典籍中均有记载。

一、常见药用兰花

据统计，《中华本草》收录的药用兰科植物达 56 属 155 种，《中国中药资源志要》收录的药用兰科植物有 76 属 288 种，《中国药用植物志》收录的药用兰科植物有 78 属 297 种，《兰科重要药用植物 DNA 条形码鉴定及其生态适宜性》则记录兰科植物中有 82 属 343 种可供药用。2020 年版《中华人民共和国药典》中收录的兰科植物有：天麻、白及、铁皮石斛（*Dendrobium officinale*）、石斛（金钗石斛 *D. nobile*、霍山石斛 *D. huoshanense*、鼓槌石斛 *D. chrysotoxum*、流苏石斛 *D. fimbriatum*）、山慈菇（杜鹃兰 *Cremastra appendiculata*、独蒜兰 *Pleione bulbocodioides*、云南独蒜兰 *P. yunnanensis*）。

天麻，原名赤箭，首载于《神农本草经》，列为上品，是兰科天麻属腐生草本植物天麻（*Gastrodia elata*）（图 4-51）的根状茎。天麻根据茎秆和花的颜色不同，可分为乌天麻、红天麻、黄天麻、绿天麻、松天麻五种，其中乌天麻和红天麻是目前产量最大和主要栽培的类型。天麻药用已经有两千多年的历史，是中医临床用以治疗头痛、眩晕、肢体麻木、小儿惊风、癫痫抽搐的常用药物之一。在民间，天麻更被看成是医治头昏的灵丹妙药。天麻茶、天麻片、川芎天麻茶等广泛用于手足麻木、腰腿酸痛、偏头痛等症的治疗。天麻的主要成分是天麻苷（天麻素）、赤箭碱、天麻多糖、天麻羟胺、L-焦谷氨酸、柠檬酸单甲酯、柠檬酸双甲酯、对羟基苯甲醇、β-谷甾醇、对羟基苯甲醛、琥珀酸、维生素A类物质等[1]。现代药理研究表明，天麻具

图 4-51　天麻（*Gastrodia elata*）

有镇痛、镇静催眠、抗惊厥、抗眩晕、保护心肌细胞、降压、抗血栓与抗血小板聚集、脑保护、增强免疫力、改善记忆力、保护神经细胞等多种功效[2]。

　　白及，始载于《神农本草经》，药用部位为兰科植物白及（*Bletilla striata*）（图4-52）的干燥假鳞茎。李时珍曰："其根白色，连及而生，故曰白及。"《本经逢原》记载："白及性涩而收，得秋金之气，故能入肺止血，生肌治疮。"白及假鳞茎肥厚，气微、味苦、嚼之有黏性，具消肿生肌、收敛止血等功效，常用于治疗皮肤皲裂、外伤出血、咯血、吐血、疮疡肿毒等病症。白及的化学成分主要包括

[1] 范玉奇, 李文兰, 王艳萍, 等. 天麻化学成分及药理性质研究的进展[J]. 药品评价, 2005(4):309-312.
[2] 许延生, 陆龙存, 黄子冬. 天麻有效成分的药理作用分析与临床应用研究进展[J]. 中医临床研究, 2020, 12(21):133-135.

图 4-52　白及（*Bletilla striata*）

2-异丁基苹果酸葡萄糖氧基苄酯类、联苄类、菲类及二氢菲类、联菲类、糖苷类、醇类、有机酸类、黄酮类、醌类等化合物。现代药理研究表明，白及具有抗菌、止血、增强免疫力、促进伤口愈合、改善认知功能障碍、抗炎、抗肿瘤、抗溃疡、抗矽肺、抗氧化等多种功效[1]。

石斛（图 4-53），也有悠久的药用历史，药用部位为石斛茎。石斛首见于《山海经》，在不同的朝代孕育诞生了不少别名，主要有林兰、杜兰、禁生、木斛、金钗、千年润等[2]。《神农本草经》将石斛列为上品，云"石斛，味甘平……生山谷"。至《唐本草》中记载，石斛远非一种：麦斛、雀髀斛，又有形"如竹，而节间生叶"之石斛。石斛在民间称作"救命仙草"，素有"北有人参，南有石斛"之说，具有抗氧化、抗衰老、增强免疫力、降血糖、保肝、延缓白内障、抗肿瘤等功效。药用石斛的主要化学成分有多糖、生物碱、黄酮类、酚类等。现代医药研究证明，石斛具有提高免疫力、抗肿瘤、抗氧化、抗衰老、抗炎、抗白内障、抗疲劳、降血糖、降血压、降血脂、保护神经等作用[3]。以石斛为主要原料生

[1] 孙爱静, 庞素秋, 王国权. 中药白及化学成分与药理活性研究进展[J]. 环球中医药, 2016,9(4):507-511.
[2] 杨柏灿. 人间有仙草——石斛[N]. 上海中医药报, 2020-04-10(006).
[3] 张雪琴, 赵庭梅, 刘静, 等. 石斛化学成分及药理作用研究进展[J]. 中草药, 2018,49(13):3174-3182.

产的复方石斛片、铁皮石斛灵芝软胶囊、铁皮石斛胶囊、铁皮石斛冲剂、铁皮枫斗晶、养阴益气胶囊等广泛用于预防和治疗免疫功能低下、疲劳综合征、癌症放化疗调理等病症，并对中老年人具有增强机体抗病能力、强身抗衰老的保健功效。2020 年版《中华人民共和国药典》延续了 2015 年版将"铁皮石斛"从"石斛"中单列出来的收录方式，收录的"石斛"则为金钗石斛（*D. nobile*）、霍山石斛（*D. huoshanense*）、鼓槌石斛（*D. chrysotoxum*）、流苏石斛（*D. fimbriatum*）及同属植物近似种的新鲜或干燥茎。

图 4-53　石斛

图4-54 金线兰（*Anoectochilus roxburghii*）

图4-55 石仙桃（*Pholidota chinensis*）

金线兰（*Anoectochilus roxburghii*）（图4-54），素有"药王""金草""神草""鸟人参"等美称，在民间被广泛应用。全草均可入药，其味平、甘，具有清热凉血、祛风利湿、解毒、止痛、镇咳等功效，是我国珍贵的传统中草药。其所含牛磺酸、多糖类成分具有抗衰老、养肝护肝、调节人体机体免疫的作用。

石仙桃（*Pholidota chinensis*）（图4-55），又名石橄榄、石上莲，主要分布于浙江、福建、广东、广西、贵州、云南等地。石橄榄味甘、淡、凉，具有养阴、清肺、止咳化痰等功效。历史对其功效多有记载：《生草药性备要》中记载其"治内伤，化痰止咳"；《广东中药》中记载其"清肺郁热，养肺阴，化痰止咳，治内伤咳嗽，小儿热积"；《福建中草药》中记载其"治热痹、腰酸痛、热林、风火牙痛、虚火喉痛"[1]。民间常采其全株作药用，可鲜用或开水烫后晒干备用。

山慈姑，民间又称毛慈姑、茅慈姑、冰球子，为兰科植物杜鹃兰（*Cremastra appendiculata*）（图4-56）、独蒜兰（*Pleione bulbocodioides*）（图4-57）等的假鳞茎。中医认为，山慈菇味甘、微

[1] 凌丹燕, 马巧群, 吴梅, 等. 珍稀药用植物石橄榄的资源调查及栽培技术[J]. 园艺与种苗, 2018, 38(12):11-12,19.

图4-56　杜鹃兰（*Cremastra appendiculata*）

图4-57　独蒜兰（*Pleione bulbocodioides*）

辛、寒，有小毒，入肝脾经，有消肿散结、化痰清热解毒之功效，适用于痈疽疔肿、瘰疬结核、喉痹肿痛、蛇虫狂犬咬伤。山慈菇主要的化学成分有菲类及二氢菲类、联苄类、黄酮类、苄酯苷类、蒽醌类、木质素类、甾体类、萜类、糖类等，现代药理研究表明，山慈菇具有抗菌、降血糖、降血压、降血脂、抗痛风、抗肿瘤等功效。

　　兰科植物还是民族医药中不可缺少的一部分，民间积累了许多有关兰科植物的药用经验。如手参（*Gymnadenia conopsea*）为蒙、藏知名特产药材，在内蒙古额尔古纳市一带用其块茎泡酒服用，可作为强壮、强精剂[1]；《藏药方剂宝库》中记载手参入

[1] 石勇,曹珊珊,张瑞华,等.手参化学成分、药理作用及临床应用研究进展[J].陕西中医,2022.43(8):1150-1152.

古今方剂达 104 次，其中用于滋补壮阳、延年益寿入方 33 次，用于治疗肾病入方 26 次[1]。绥草（*Spiranthes sinensis*）的根和全草为民间药物盘龙参，作为中草药在民间应用最早出现于明代的《滇南本草》，白药《滇药录》记载其"根、全草治产后体虚，神经衰弱，肺结核咯血，咽喉肿痛，小儿夏季热，糖尿病，白带"；畲药《畲医药》记载其"全草治淋浊，肾炎，肺结核咯血，指头疔，毒蛇咬伤"；藏药《中国藏药》记载其"块茎治阳痿"；苗药《湘蓝考》记载其"全草治虚热、口渴，补虚益气"。此外，蒙药《蒙植药志》、侗药《侗医学》、土家药《土家药》等也记载其被广泛使用[2]。

二、兰花的药食同源及食疗

我国"食药同源"的食疗文化历史久远，《诗经》《黄帝内经》和《神农本草经》等文献均有记载相关应用，《食疗本草》《救荒本草》《野菜博录》等文献也记载了大量的药食同源植物。我国自古以来就有兰花食疗的传统。白居易《斋居》诗中有"黄耆数匙粥，赤箭一瓯汤"，表明唐代已拿天麻当食品煲汤。《本草纲目》记载的天麻食用方法有"彼人多生啖，或蒸煮食之；或将生者蜜煎作果食……"。《本草纲目》记载兰之花具有解郁、调气、和血、宽中的作用，特别指出用兰花全草治疗胃虚肺热，将鲜石斛与花生共煮，佐餐喝汤，则治疗咳嗽，为兰的食疗保健发展奠定了基础。《本草纲目拾遗》对兰的食疗价值记载做出了补充，"蜜浸青兰花点茶饮，调和气血，宽中醒酒，兰花露，乃建兰花蒸取者，气薄味淡，食之明目舒郁"，兰花露即兰膏，不仅香甜可口，且有生津养胃、润肺清

---

[1] 薛楠,林鹏程,毛继祖.藏药佛手参本草及功用考证[J].中药材,2009,32(11):3.

[2] 翁琳琳.药用植物盘龙参组培快繁研究进展[J].农业科技通讯,2021(2):205-206+286.

心、明目舒郁等作用。

有些兰花种类今天仍然被人们食用。世界上大约有一百多种兰花常被用于人类的食物当中，如帝沙兰（*Disa sp.*），其块根用盐水煮熟后可食用；墨西哥是虎斑奇唇兰（*Stanbopea tigrina*）的故乡，它壮观、浓香的花朵常被用来做成墨西哥面饼；羊耳蒜（*Liparis japonica*），韩国人将其叶作蔬菜煮吃；节茎石仙桃（*P. articulata*），印度人食用其多汁的假鳞茎；象牙苞舌兰（*Spathoglottis eburnea*），越南人以其多肉的块茎为食；牛大明角石斛（*D. speciosum*），澳大利亚当地人食用其多汁的假鳞茎；美丽蝴蝶兰（*Phalaenopsis amabilis*），印度尼西亚的爪哇人用其嫩叶作菜食用；马六甲火焰兰（*Renanthera moluccana*），当地人将其幼嫩叶芽盐渍后作泡菜食用。澳大利亚和塔斯马尼亚岛曾经是人类大量消费兰花的地方，土著居民过去常采收陆生兰花的块茎食用。在我国，国兰的花朵鲜嫩，味道幽香，是去腻、提香的理想配料，川菜中有"兰花肚丝""兰花肉丝"等以国兰为材料烹制的菜肴[1]。

此外，兰花可用于茶饮。有些兰花茎叶多汁，用来配制成茶饮别有风味。比如毛里求斯人将芳香安格兰（*Angraecum fragrans*）的茎、叶晒干后泡茶饮用；秘鲁人在旱季用异色颚唇兰多汁的假鳞茎泡茶饮用；我国民间将金钗石斛的茎晒干后泡茶饮用；东南亚一带将火焰兰（*Renanthera sp.*）的叶晒干后泡茶饮用。"Salep"（兰茎粉）一词源于土耳其，它是用红门兰属（*Orchis*）相关种类的干燥块茎研磨而成，口味独特。在咖啡和茶出现之前，"Salep"作为一种风味饮料材料，其受欢迎地区超出了土耳其和中东，一直蔓延到英国和德国。印度市场上的兰茎粉被称为"Salibmisri"，主要是用美冠兰属（*Eulophia*）、红门兰属（*Orchis*）和鸟足兰属（*Satyrium*）的一些种类做成的[2]。

---

[1][2] 苏宁. 兰花历史与文化研究[D]. 北京：中国林业科学研究院，2014.

在深圳，天麻、石斛的食用方法主要为广东特色老火靓汤、茶饮等。此外，石斛酒、天麻酒、石斛面、天麻面也有部分市场。一些常见的食谱介绍如下：

天麻鱼头汤：天麻10克，麦冬15克，枸杞20克，花旗参5克，淮山药20克，鱼头1个，食盐适量，姜片3片。材料准备齐全后，除花旗参外，其他材料浸泡20分钟，捞出备用。鱼头加姜片用锅煎至两面金黄，捞出备用。所有材料加上花旗参放进锅里，最后加鱼头，加2升清水，大火煮开，转小火，煲90分钟，开锅前放进适量的盐。

天麻牛肉火锅：天麻片80克，土豆片、玉兰片各150克，牛肚250克，牛肉500克，白荷花、黄豆芽、油菜、猪板油各100克，生姜片25克，葱白段15克，胡椒粉5克，味精8克，精盐10克，牛骨头汤若干。将天麻片、玉兰片用温水泡发好；牛肉去筋膜，洗净切成大薄片；牛肚、土豆洗净切成片；白荷花洗净，撕成碎块；黄豆芽、小油菜洗净，沥去浮水；将火锅放在火上，锅内加入牛骨头汤、生姜片、葱白段、胡椒粉、精盐烧开后，加入天麻片、猪板油，烧开后打去浮沫，再加入其他原料，开锅后即可食用（也可烫食）。汤浓鲜香，味美可口。

天麻党参炖鸡：土鸡750克，天麻15克，党参20克，红枣20克，枸杞10克，料酒10毫升，姜3片，盐2—3克。首先将鸡斩成大一些的块，天麻洗净提前用清水稍稍泡软。锅里加入清水，放入鸡块、姜片和料酒，大火烧开后继续煮2分钟，捞出用温水冲洗干净。将鸡块、红枣、切薄片天麻和切段党参放入汤煲里，加入足量的清水，大火烧开后转小火，盖盖炖2个小时左右，鸡肉炖到软烂程度后放入枸杞再煮5分钟左右，放入盐调味。

铁皮石斛排骨汤：排骨600克，铁皮石斛30克，铁棍山药300克，生姜12克，料酒20毫升，香葱1根，精盐3克。新鲜排骨剁块，用加了生姜、料酒的水浸泡1小时，中间换水两回。排骨焯水，捞起排骨放入炖锅。炖锅中加入生姜、铁皮石斛、香葱、料酒，煲3小时。剩1小时时加入铁棍山药，剩最后10分钟时，开盖加盐调味，10 分钟后关火出锅。

石斛西洋参乌鸡汤：乌鸡一只，铁皮石斛 15 克，西洋参 30 克，山楂 15 克，姜片、葱段、料酒、盐、鸡精适量。乌鸡洗干净，加一锅凉水煮开，捞出冲洗干净备用。打结的葱、切片的姜以及洗干净的药材都倒进煲里垫底，放入洗干净的乌鸡，加入凉水没过鸡。大火煮开，改文火慢炖 1 个半小时左右。中途加适量料酒，食之前根据口味调入适量盐。

石斛鲜花炖鸡：鸡 1 只，石斛鲜花若干。鸡宰杀后去毛及内脏，洗净；石斛鲜花洗净；鸡入锅加水清炖至熟烂，加石斛鲜花煮沸后食用。汤浓鲜香，味美可口（图 4-58）。

我国兰科植物药用历史悠久，虽然积累了丰富的实践经验，但兰科药用或药食同源植物资源开发利用仍存在不少问题，主要表现在以下几个方面：（1）传统中医常用兰科植物的应用主要依据长期的民间应用经验，现代药用活性成分研究和药理研究仍需进一步开展；（2）民间及民族医药中兰科药用植物普遍存在同名异物、同物异名现象，地方习用名交错混乱，缺少相应的药材质量标准和基础理论研究；（3）追求"纯野生药效高"导致兰科药用植物野生种群及生境受到严重破坏，许多物种因此成为濒危物种，野生资源已难觅踪影；（4）需进一步加大兰科植物人工繁殖与栽培研究，以满足需求，减轻兰科植物野生资源生存压力。

图 4-58　石斛鲜花炖鸡

深圳是典型的南亚热带常绿阔叶林和植物区系的代表，全年气候温和，雨量充沛，日照时间长，热量充足，物种丰富，非常适合兰花的生长，孕育了丰富的兰花资源，同时也为兰科植物种质资源的保护提供了优良的环境。深圳自西向东地貌呈带状展开，依次坐落着七娘山、排牙山、笔架山、田头山、马峦山、梅沙尖、梧桐山、梅林水库、羊台山、凤凰山和铁岗水库，构成了丰富多样的自然生态资源，为兰科植物的生长提供了优良的栖息地。其中梧桐山、七娘山、梅沙尖、排牙山、笔架山海拔均超过600m，为深圳野生兰科植物的主要分布区。

　　在深圳这块大约 2000 平方公里的土地上，建有一千多个公园，它们像一颗颗绿色明珠，串联起深圳重要的自然生态系统。此外，深圳还有品类丰富的花卉市场，如深港花卉中心、深圳百合花卉小镇、荷兰花卉小镇等。在这些“绿色明珠”与花卉市场中兰花也展示着她们美丽的风姿。

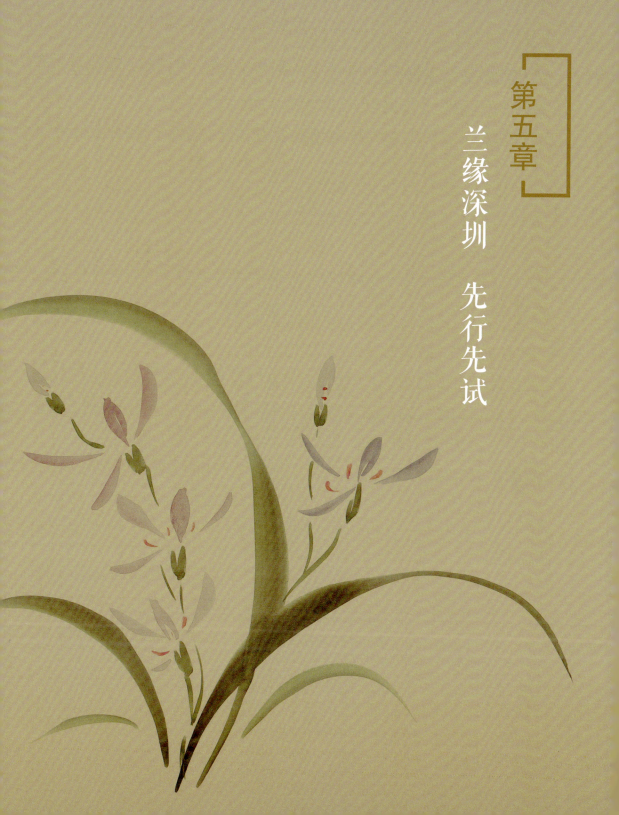

第五章

兰缘深圳　先行先试

第一节
深圳的兰花

深圳，是依山傍海的城市，是四季有花可赏的城市，是公园中的城市，更是绿色生态的城市。深圳的兰花也在城市的角角落落，等你发现。

一、深圳的野生兰花

深圳植被类型多样，从红树林到滨海沙生植被、沟谷雨林、山地常绿阔叶林、灌丛和草地均有代表。深圳植物种类丰富，《深圳植物志》共收载了野生维管植物 213 科 929 属 2080 种。深圳野生兰科植物主要分布在东南部地区，其中七娘山和梧桐山为深圳野生兰科植物集中分布区，七娘山是兰科植物种类分布最多的地区，其次是梧桐山，再次是排牙山、梅沙尖和马峦山。经过多年的调查和跟踪监测，深圳市兰科植物保护研究中心野外调查队发现深圳现有本土野生兰科植物 53 属 101 种。

深圳野生兰科植物的分布有以下 5 个特点：（1）种类丰富，5 个亚科的兰科植物在深圳均有分布；（2）区系成分以热带、亚热带成分为主，具有明显的从热带向亚热带过渡的特点；（3）生活型多样，以地生兰为主，附生兰占相当比例，腐生兰罕见，地生兰有 57 种，附生兰 39 种，腐生兰只有 5 属 5 种。（4）深圳野生兰科植物区系成分较为复杂，以单型属、寡型属为主，吴征镒划分的 15 个中国植物属的分布区类型中，深圳兰科植物占了 9 个类型，且以单型属、寡型属为主，单种属 35 个，含2—3个种的属10个；（5）深圳兰科植物的物种频度具有层次性[1]。

常见种有：竹叶兰（*Arundina graminifolia*）、广东隔距兰（*Cleisostoma simondii* var. *guangdongense*）、流苏贝母兰（*Coelogyne fimbriata*）、蛇舌兰（*Diploprora championii*）、高宝兰（*Cionisaccus procera*）、镰翅羊耳蒜（*Liparis bootanensis*）、见血青（*L. nervosa*）、无耳沼兰（*Dienia ophrydis*）、鹤顶兰（*Phaius tancarvilleae*）、石仙桃（*Pholidota chinensis*）、香港带唇兰（*Tainia hongkongensis*）、线柱兰（*Zeuxine strateumatica*）、绶草（*Spiranthes sinensis*）、美冠兰（*Eulophia graminea*）等（图5-1）。

图5-1 深圳野生兰花常见种

[1] 陈建兵,王美娜,潘云云,等.深圳野生兰花[M].北京:中国林业出版社,2020.

偶见种有：金线兰（*Anoectochilus roxburghii*）、小舌唇兰（*Platanthera minor*）、触须阔蕊兰（*Peristylus tentaculatus*）、橙黄玉凤花（*Habenaria rhodocheila*）、半柱毛兰（*Eria corneri*）、牛齿兰（*Appendicula cornuta*）、斑唇卷瓣兰（*Bulbophyllum pecten-veneris*）、尖喙隔距兰（*C. rostratum*）、多花脆兰（*Acampe rigida*）、多叶斑叶兰（*Goodyera foliosa*）、开宝兰（*Eucosia viridiflora*）等（图5-2）。

图5-2 深圳野生兰花偶见种

稀有种有：紫纹兜兰（*Paphiopedilum purpuratum*）、三蕊兰（*Neuwiedia zollingeri* var. *singapureana*）、地宝兰（*Geodorum densiflorum*）、歌绿开宝兰（*Eucosia seikoomontana*）、斑叶叉柱兰（*Cheirostylis chinensis* var. *clibborndyeri*）、小片菱兰（*Rhomboda abbreviata*）等（图5-3）。

罕见种有：深圳拟兰（*Apostasia shenzhenica*）、血叶兰（*Ludisia discolor*）、龙头兰（*Pecteilis susannae*）、二色卷瓣兰（*B. bicolor*）、粉红叉柱兰（*C. jamesleungii*）、腐生齿唇兰（*Odontochilus saprophyticus*）等（图5-3）。

图5-3　深圳野生兰花稀有种与罕见种

二、深圳市场上的兰花

兰花也是深圳花卉市场中的宠儿，国兰、蝴蝶兰、石斛兰、卡特兰、兜兰等属类的品种，甚至很多野生兰花，在深圳花卉市场上都有一席之地。

（一）深圳市花卉市场常见兰花

深圳特色的大型花卉市场有深港花卉中心、深圳百合花卉小镇、荷兰花卉小镇等。这些花卉市场分布着大量的兰花主营店，每到节日深受市民喜爱。据笔者调查，深圳花卉市场常见兰花有 14 属，品种约 100 种，原生种约 46 种。其中蝴蝶兰属（*Phalaenopsis*）、兰属（*Cymbidium*）、石斛属（*Dendrobium*）、文心兰属（*Oncidium*）为花卉市场主要兰花。零星出现在兰花市场的属有：风兰属（*Neofinetia*）、卡 特 兰 属（*Cattleya*）、鸟舌兰属（*Ascocentrum*）、兜兰属（*Paphiopedilum*）等。

深圳花卉市场上常见的蝴蝶兰品种有 30 多个，色系齐全。常见的红花系列蝴蝶兰品种有'大辣椒''光芒四射''满天红'等；黄花系列蝴蝶兰有'富乐夕阳''昌新皇后''新源美人'等；白色系列蝴蝶兰有'雪中红''白色闪电'等；纹瓣系列的蝴蝶兰品种繁多，有几十个稳定品种，最常见的如'龙树枫叶''兄弟女孩''豹斑'等（图 5-4）。

深圳花市上兰属以建兰（*Cymbidium ensifolium*）和墨兰（*C. sinense*）为主（图 5-5），品类不多，数量较蝴蝶兰少。建兰品种主要以'市长红''君豪''富山奇蝶''忆君荷''大满贯''锦旗''天鹅素''立叶神童'等品种为主。墨兰品种以广东"四大家兰"——'金嘴''银边''企黑''白墨'为主。大花蕙兰多在春节以年宵花上市，花大色艳，以杂交种为主，色系丰富，有红色系、绿色系、黄色系、白色系等，常见品种有'黄玉蝉''黄金岁月''粉梦露''福娘'等（图 5-6）。

图 5-4　深圳花卉市场上常见的蝴蝶兰品种

图 5-5　深圳花卉市场上常见的建兰和墨兰品种

图 5-6　深圳花卉市场上常见的大花蕙兰品种

　　石斛属品类较多，经过多年的市场选择，适应深圳气候的常见石斛兰有 30—40 个原生种和杂交种，杂交种多为秋石斛，原生种或人工繁育的原生种主要有铁皮石斛（*Dendrobium officinale*）、广东石斛（*D. kwangtungense*）、聚石斛（*D. lindleyi*）、鼓槌石斛（*D. chrysotoxum*）、剑叶石斛（*D. spatella*）、美花石斛（*D. loddigesii*）等（图 5-7）。深圳兰花市场还存在大量其他的石斛属原生种，据不完全统计有 70 多种。

图 5-7　常见石斛

　　深圳花卉市场销售的兰花还有文心兰属杂交种：凯撒文心兰（*Oncidium carthagenense*）、棒叶文心兰（*O. ascendens*）、大文心兰（*O. ampliatum*）、同色文心兰（*O. concolor*）、大花文心兰（*O. macranthum*）、豹斑文心兰（*O. pardinum*）等；兜兰属的硬叶兜兰（*Paphiopedilum micranthum*）、杏黄兜兰（*P. armeniacum*）、飘带兜兰（*P. parishii*）、肉饼兜兰（*P.* 'Pacific Shamrock'）、魔帝兜兰（*P.* 'Maudiae'）等；卡特兰属、白点兰属（*Thrixspermum*）、风兰属等的品种及原生种（图5-8）。

图 5-8　常见小类兰花

（二）深圳市兰花市场消费趋势

随着对兰花的了解，市民选择兰花也越来越理性，深圳兰花市场已经形成相对稳定的消费群体。中老年人偏爱国兰，传统品种、瓣型和香味观念对深圳本地兰花消费者影响深远；年轻群体则偏爱蝴蝶兰、石斛等。受中国传统文化和广东年宵花消费习惯影响，红色花系长期成为年宵花和节庆主流。红色系列的蝴蝶兰、大花蕙兰等洋兰主宰深圳兰花市场多年，使消费者审美疲劳，新奇特小型蝴蝶兰、观赏兼具药用的石斛兰比例逐年增加，逐渐成为大众消费的新宠。

（三）深圳兰花市场存在的问题

深圳兰花市场欣欣向荣，蓬勃发展，但也存在一些问题：（1）国兰、蝴蝶兰市场占比较高，其他兰花占比较少。这一方面是受我国传统文化的影响，国兰被国人所欣赏喜爱，而蝴蝶兰以其花大色艳、花期长，成为节庆摆花首选；另一方面也反映出其他类兰花在深圳市场推广时间短、种类少、受众少。（2）缺乏具有自主知识产权的兰花新品种。目前兰花市场新优奇品种多为进口品种，进口兰花品种虽然丰富了花卉市场的品种供应，在一定程度上满足了消费者需求，但同时对国产兰花品种的研发与生产造成了消极的影响。（3）深圳花卉市场频见原生兰花种类，有些可能是人工培育的原生种，但也极有可能是"下山兰"，这对野生兰花种质资源的保护是非常不利的。积极引导兰花生产与消费理念，大力鼓励具有自主知识产权的兰花新品种的研发，打造兰花优质品牌才是兰花市场发展的硬道理。

三、深圳园林中的兰花

深圳作为"双区"驱动的先行示范城市，兰花造景别具一格，拥有极具韵味的兰花科学中心、专类园、植物园等。深圳具有代表性的兰花景观当属兰科中心的"深圳兰谷"与仙湖植物园的"蝶谷幽兰"，这两处相隔不远，环境优美，均收集了众多兼具观赏价值、科研价值和文化经济价值的兰科植物。

兰科中心的"深圳兰谷"收集保存兰科植物种质资源2000多种，包括兰谷、兰园、保育温室等区域，是一个集保育、科研和观赏功能为一体的兰科植物专类园（图5-9）。兰谷模仿兰花原始生境打造兰花迁地保护的自然生态景观，谷中树木参天，交错隐蔽，流水潺潺，分布着各种附生兰和陆生兰，堪称"自然秘境"。与兰谷相比，兰园是具有人文气息的园林景观，园中有成片的落羽杉、大王椰子树等高大树木，树木间有兰亭、王者香长廊和悠长木桥，结合中华兰文化展示兰花之美。保育温室则是核心的种质资源保护区，保育了种类多样、数量繁多的国内外珍稀濒危兰花及名贵品种，同时这里也是兰花种质创新的关键基地。

图5-9　兰科中心兰花景观图

图5-10　仙湖植物园兰花景观图

仙湖植物园的"蝶谷幽兰"（图5-10）包括蝶恋花、蝶之演绎和兰谷寻幽三个区域。蝶恋花为主体区域，保育了众多的兰科植物；蝶之演绎区由小溪分隔，两侧各有一间扇形的科普展室；兰谷寻幽区为地势较高的沟谷区域，自然清幽，有环形木栈道相连，展示各种附生兰和沟谷中的耐阴植物。

除植物园、专类园外，深圳的公园、酒店、学校等地也存在一定的兰花景观，如银湖会议中心、五洲宾馆、深圳市第六幼儿园、东部华侨城等。

综合来看，深圳市兰花园林景观还存在以下需要提升之处：

1. 应用于园林景观中的兰花种类较少

深圳市目前应用于园林景观中的兰花，除了兰花专类园与植物园中有比较丰富多样的种类外，在其他园林景观中，种类相对单一，多为蝴蝶兰、石斛兰、国兰等。在深圳市未来的景观营造中，可多选育品质良好、性价比高、适应性强的兰花，将绚丽多彩的兰花更为多样地运用到园林景观中。

2. 造景形式单一，景观植物多样性有待提高

深圳市园林景观中兰花的造景形式大同小异，多为附植于树干的附生兰景观，结合廊架造景、简单的盆栽景观、地被景观等。这些造景形式不能满足兰花配植形式的多样化，不能充分展现兰花的美及其文化特色。另外，除兰科中心、植物园等专业机构的兰花景观外，其他绿地现有兰花景观无论是兰花本身的多样性还是其他配置植物的多样性均有待提高。植物多样性过低不仅影响景观的美感和生态感，还不利于景观的稳定和自我维护。

3. 养护水平有待提高

当前，很多园林绿地应用的兰花因为栽培方式不当或疏于管理而造成多种栽培问题。在做兰花景观时，要根据不同兰花的生活习性选择适合的生长环境、栽培基质，水肥及病虫害等的管理也需要专门的养护，这样才能促使兰花形成与其他植物共同繁茂的群落和景观。

第二节
深圳的兰花科学研究

兰科以极高的物种多样性、独特的花部结构、协同进化的传粉机制以及复杂的菌根关系等特点吸引了众多科学家的关注。达尔文认为"兰花是我这辈子遇见最好玩的东西"。他在发表《物种起源》(*On the Origin of Species*) 3 年后，选择兰花来验证物种起源的假说，出版了《兰科植物的受精》，证明了自然选择是生物进化的动力，为《物种起源》提供了补充材料。然而，达尔文对兰花怎样起源和如何在非常短的时期内演化得如此精巧复杂、种类繁多而感到非常困惑，这也被称为"达尔文进化之谜"，在将近一百年内，生物学家不断在近 3 万种兰花中寻找答案，均未取得实质性进展。百年后，兰科中心领衔的科研团队在深圳对"达尔文进化之谜"做出了解答。兰科中心自成立起，积极承担国家兰科植物保护研究任务，为中国兰科植物研究搭建了良好的平台，为世界兰科植物研究做出了重要贡献。

一、率先解码兰花基因组

2000 年，模式植物拟南芥基因组的公布发表，开启了植物基因组学研究的序幕。2009 年，中国科学家率先在深圳宣布启动"兰花基因组计划"，提出从基因组层面探寻兰花的起源与进化，由深圳兰科中心牵头，清华大学、深圳华大基因研究院、中国科学院植物所、台湾成功大学等单位的科学家共同承担。经过不懈努力和多方合作，兰科中心领衔的科研团队完成了世界上首个兰花和景天酸植物——小兰屿蝴蝶兰（*Phalaenopsis equestris*）的基因组测序[1]（图5-11），使得从全基因组水平探索兰花多样性和演化得以实现。在首个兰花基因组诞生之前，生物学家只能借助一代测序技术获取少量的序列或基因信息，每个序列长度约1000bp。而组装的小兰屿蝴蝶兰基因组有1.086Gb，注释出了29431个蛋白编码基因，能够提供生物学家数以亿倍的遗传信息，为国际兰花研究提供了全新的起点和平台。

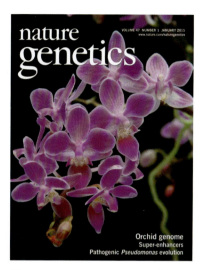

图5-11　*Nature Genetics*以封面文章刊登小兰屿蝴蝶兰（*Phalaenopsis equestris*）基因组成果

二、解答"达尔文进化之谜"

达尔文在《兰科植物的受精》中提出了"同源性假说"，推测兰科植物的共同祖先"假兰"具有独立分开的雄、雌蕊结构以及未分化的花被片；花的结构进化方向应该从简单到复杂，从辐射对称到两侧对称，雌蕊和雄蕊从离生到合生。达尔文的"同源性假说"是正确的吗？为回答这个问题，兰科中心领衔的科研团队发现了最接近"假兰"的深圳拟兰（*Apostasia shenzhenica*）（图5-12），并对其进行了基因组、转录组测序和分析[2]，研究结果不仅修正了"同源性假说"，同时解答了"达尔文进化之谜"，该成果刊发于国际科学期刊《自然》（*Nature*）。

该项研究阐述了兰花的起源、多样性形成机制，解答了"达尔文进化之谜"。一

[1] Cai J., Liu X., Vanneste K., *et al*. The genome sequence of the orchid *Phalaenopsis equestris*[J]. Nature Genetics, 2015, 47(1): 65-72.

[2] Zhang G. Q., Liu K. W., Li Z., *et al*. The *Apostasia* genome and the evolution of orchids[J]. Nature, 2017(549): 379-383.

图 5-12　深圳拟兰（*Apostasia shenzhenica*）

方面，解释了兰花的起源，认为所有现存于地球上的兰花都是恐龙灭绝时期幸存的兰花后代。对于如何躲过灭绝，研究也给出了答案——所有现存兰花的祖先在第三次生物大灭绝前发生了一次全基因组复制事件，从而成功躲过了此次大灭绝。另一方面，揭示了兰花多样性形成的分子机制：全基因组复制事件后，兰花通过基因的扩张和收缩分化形成了 5 个亚科，产生更多的多样性因而迅速适应了新的生态系统。同时，该项研究绘制了兰花的演化路径，颠覆了此前兰花进化是由辐射对称向两侧对称、雌蕊和雄蕊从离生到合生演化的认知，修正了达尔文关于兰花演化的假说[1]（图 5-13）。

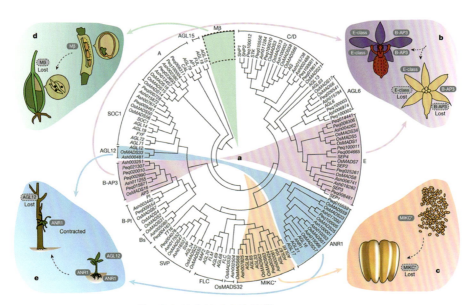

图 5-13　MADS-box 基因参与兰花的形态演化 [2]

[1][2]　Zhang G. Q., Liu K. W., Li Z., *et al*. The *Apostasia* genome and the evolution of orchids[J]. Nature, 2017(549): 379–383.

三、万水千山寻兰花

为摸清中国的野生兰科植物资源情况，国内植物学者不断在高山密林中寻找兰花的踪迹。深圳力量在兰科植物野外资源调查工作中的贡献不容忽视。兰科中心从 20 世纪 80 年代起坚持深入深山调查野生兰科植物资源。在兰科中心的大本营——深圳，不仅发现了深圳的首个兰科新种——深圳香荚兰（*Vanilla shenzhenica*），而且发现了在解答"达尔文进化之谜"中发挥关键作用的深圳拟兰。同时，广东的各大深山老林也遍布兰科中心调查队的足迹（图 5-14）。2013 年，研究人员发现了一种有花无叶的独特兰花——丹霞兰（*Danxiaorchis singchiana*），也是首次以仁化县的特色丹霞地貌命名的兰科新属——丹霞兰属（*Danxiaorchis*）。

另外，兰科中心调查队将脚步迈向了全国各地，远赴云南、青海、贵州、江西、湖北、广西等地调查野生兰科植物资源。作为兰科物种丰富的地区之一，云南成为兰科中心频繁踏足的省份。在云南，兰科中心发现了紫斑兜兰（*Paphiopedilum notatisepalum*）、景东兜兰（*P. villosum* var. *jingdongense*）等诸多兰科新（变）种。

相较于温度适宜、环境舒适的日常办公场所，野外调查工作可谓是另外一种局面，不仅要克服陡峭的山坡、湍急的

图 5-14　兰科中心科研团队进行野外调查

河流、密集的山林等复杂环境带来的重重困难，经受酷暑高温、蚊虫蛇蚁等多种考验，而且面临克服千难但访花不遇的心理打击。然而科研人员一旦发现兰花身影的出现，就变得兴奋不已，所有的疲劳和灰色心情全部一扫而空。这些辛苦都是值得的，也都得到了回报，截至目前，兰科中心在调查过程中，发现了兰科3个新亚族、8个新属和100多个新种（包括新杂种、新变种）（图5-15），丰富了中国兰科植物资源，为我国兰科植物保护及生物多样性研究提供了新依据。

紫斑兜兰
Paphiopedilum notatisepalum

丹霞兰
Danxiaorchis singchiana

富宁槽舌兰
Holcoglossum wangii var. funingense

昌宁兰
Cymbidium changningense

深圳香荚兰
Vanilla shenzhenica

景东兜兰
Paphiopedilum villosum var.jingdongense

佛冈拟兰
Apostasia fogangica

图5-15 兰科中心发现的部分兰科新种

四、万般努力为保育

兰科植物是植物保护的旗舰类群，所有野生种类均被列入 CITES 的保护范围。目前，我国野生兰科资源受到严重威胁，在 2017 年的《中国被子植物濒危等级的评估》中，兰科是其中灭绝种类最多的科，有 4 种灭绝，1 种地区灭绝；兰科也是受威胁种数最多的科，据统计共有 653 种受到了不同程度的威胁[1]。为更好地保护兰科植物，国家和地方做出了诸般努力。2001 年，"全国野生动植物保护及自然保护区建设工程"将兰科植物纳入保护范围。2005 年，建立了全国兰科植物种质资源保护中心，由深圳市兰科植物保护研究中心承担其职能。2011 年，《全国极小种群野生植物拯救保护工程规划（2011—2015 年）》也将多种兰科植物列为保护对象。目前，兰科植物的保护政策越加完善，在 2021 年 9 月，新一版《国家重点保护野生植物名录》发布，使得兰科植物的保护工作有法可依。

在兰科植物保护方面，深圳也交出了亮眼的成绩单。

迁地保护是生物多样性保护的重要途径，仙湖植物园引种保育兰科植物 400 多种。兰科中心在国家林业和草原局、省市林业部门的支持下，建立了国家兰科植物种质资源保护中心，现收集保存兰科植物超 1800 种、活体 160 多万株，除活体保存外，还建设了超低温种子库、DNA 库等，以多种方式保护兰科植物种质资源。同时，繁育工作也是兰科植物保护工作的重要环节。目前，兰科中心对石斛属（*Dendrobium*）、兜兰属（*Paphiopedilum*）、兰属（*Cymbidium*）等近 300 种兰科植物进行了人工繁育，建立了相应的技术体系和栽培规程，为兰科植物种质资源保存、科学应用提供了技术支撑。

---

[1] 覃海宁, 赵莉娜, 于胜祥, 等. 中国被子植物濒危等级的评估[J]. 生物多样性, 2017, 25(7):745-757.

野外回归是保护生物多样性的重要策略之一。兰科中心建立了"就地保护—迁地保护—人工繁育—野外回归"的兰科植物保护模式，开展了紫纹兜兰（*P. purpuratum*）、杏黄兜兰（*P. armeniacum*）、霍山石斛（*D. huoshanense*）、曲茎石斛（*D. flexicaule*）等多种兰科植物的野外回归。杏黄兜兰是兰科植物中的"金童"，因过度采挖、生境丧失等原因，其野生资源急剧减少，被评估为极危（CR）物种。兰科中心自21世纪初已对该物种成功实施了就地保护、迁地保护、人工繁育、野外回归等措施，对我国兰科植物乃至濒危物种的保护具有示范作用。

兰科中心将大众保护意识的普及逐渐融入兰科植物保护工作中来。2018年，由国家林业和草原局、国家濒科委发起，由兰科中心承办的"紫纹兜兰回归自然启动仪式暨兰科植物保育研讨活动"是一个典型的案例，获得了良好的生态效益和社会反响（图5-16）。一方面，该活动将人工繁育的紫纹兜兰（*P. purpuratum*）幼苗分批次回归自然，促进其野外种群的恢复，被认为是我国野生兰科植物保护工作已经发展到就地保护与迁地保护相结合、以重引入促进野外种群壮大新阶段的重要标志。另一方面，在活动启动仪式上，中国野生植物保护协会、中国花卉协会、中国中药协会、中国植物园联盟、世界自然基金会、百度、阿里巴巴、穷游网、58同城等16家单位发起了"保护野生兰花，拒绝无序买卖"倡议，倡导禁止在电商平台贩卖野生兰花，号召消费者拒绝购买野生兰花，促进社会公众保护兰科植物意识的形成。

此外，长期监测也是生物多样性保护与保护效果评估的重要环节。近年来，兰科中心不断拓展兰科植物保护的维度，逐渐加强了监测力度和广度，同时率先探索珍稀濒危物种保护、科研成果转化与支持物种原产地经济发展相结合的工作模式，在湖北省保康县、江西省婺源县等地首次建立了异地科学监测站。依托保康科学监测站点，兰科中心在保康开展了曲茎石斛（*Dendrobium flexicaule*）的野外回归，并通过保康监测站与当地有关部门合作，深入推进长期监测及相关科研工

图 5-16 紫纹兜兰回归自然启动仪式暨兰科植物保育研讨活动及回植活动现场

作（图 5-17）。依托婺源监测站，与江西省野生动植物保护管理局紧密合作，在婺源开展了霍山石斛（*D. huoshanense*）的野外回归（图 5-18），实施气候抗逆性回归实验，取得成活率超 98% 的成效，至今已回归霍山石斛 8000 余株。2021 年，兰科中心建设粤港澳大湾区兰科植物生态定位研究站，站点布局"一中心三基地"，即粤港澳大湾区兰科植物生物多样性保护中心、兰科中心兰科植物迁地保护生态定位研究站、梧桐山兰科植物就地保护与野外回归监测站、恩平七星坑保护区野生兰科植物保护长期定位监测站（图 5-19），围绕粤港澳大湾区城市、社会、经济发展的需求，开展大气、生物、土壤与水文等要素对生物多样性旗舰类群兰科植物的生长、发育与维持机制的影响研究，阐明兰科植物的生态系统演进规律，生态服务功能及其对区域城市、全球环境变化的响应，实现定位监测数据远程实时共享。未来，兰科中心不仅要实施濒危兰科植物的培育与回归等保护工作，同时将依托异地科学监测站等为当地的兰科植物保护工作提供技术支持，大力推动当地兰科植物的保护和科学利用工作。

图 5-17 保康监测站挂牌与曲茎石斛（*Dendrobium flexicaule*）野外回归

图 5-18 婺源监测站挂牌与霍山石斛（*Dendrobium huoshanense*）野外回归

图 5-19　粤港澳大湾区兰科植物生态定位研究站

五、千变万化为繁衍

显花植物有性繁殖的必经过程之一是传粉，而固着生长的植物无法主动寻找花粉供体和受体，因此其传粉过程需依赖媒介或外界力量来完成。为保障传粉过程的顺利完成，植物演化出多样的传粉系统和繁殖策略[1]。兰科植物是个中翘楚，不仅可利用风媒、水媒等非生物媒介进行传粉，而且采用各种手段如利用蚂蚁、蝇

---

[1] 马晓开. 兰科兜兰属欺骗性传粉系统的进化[D]. 北京: 中国科学院大学, 2015.

类、蜂类、鸟类等多种生物媒介进行传粉，其高度特化且多样的花部结构也被认为与传粉相关。例如，硬叶兜兰（*Paphiopedilum micranthum*）依赖于和其同域分布的食源植物在花色上的相似，进行食源性欺骗传粉；紫纹兜兰（*P. purpuratum*）诱骗黑带食蚜蝇（*Episyrphus balteatus*）在花上产卵并完成传粉过程，进行产卵地欺骗传粉[1]。更为著名的是，在欧洲分布的眉兰属（*Ophrys*）植物，其唇瓣形态与雌性的泥蜂相似，吸引雄性泥蜂从而达到性欺骗传粉的目的[2][3]。

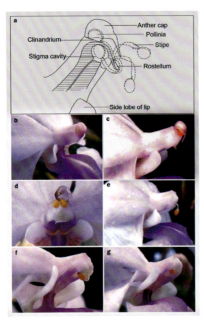

图 5-20　大根槽舌兰（*Holcoglossum amesianum*）的自花传粉机制

开花植物借助风、动物等媒介进行传粉的方式广为人知，兰科中心研究人员发现了鲜为人知的兰花自主的自花传粉机制，这一传粉新机制的发现曾轰动世界。兰科中心在对大根槽舌兰（*Holcoglossum amesianum*）进行连续数年的观察和分析后，发现其花药逆重力主动旋转360°，将花粉插入自身柱头腔，完成自花传粉，这是世界上首次发现一种完全由花药主动运动而不依赖于任何外部传递媒介完成的自花传粉机制[4]（图5-20）。科研成果于2006年6月发表在 *Nature*（《自然》）上，由此诞生了深圳第1篇《自然》，实现了深圳市在世界顶尖学术期刊发表研究论文历史性"零"的突破。

[1] 马晓开. 兰科兜兰属欺骗性传粉系统的进化[D]. 北京: 中国科学院大学, 2015.
[2] 任宗昕, 王红, 罗毅波. 兰科植物欺骗性传粉[J]. 生物多样性, 2012, (3):270-279.
[3] Schiestl F. P., Ayasse M., Paulus H. F., *et al*. Orchid pollination by sexual swindle[J]. Nature, 1999, 399(6735): 421-421.
[4] Liu K. W., Liu Z. J., Huang L. Q., *et al*. Self-fertilization strategy in an orchid[J]. Nature, 2006(441): 945-946.

高黎贡山物种多样性丰富，植物特有化程度较高。兰科中心研究团队在高黎贡山的亚热带区域开展了具热带特征的兰科植物短距兰（*Holcoglossum nagalandensis*）的传粉生物学研究，发现这种兰花发展出了利用蚂蚁近距离传粉、花朵同时开放增加同株异花传粉概率等多种促进自交或近交的机制[1]（图 5-21）。这项研究得到了 *natureCHINA* 的重点推介。

图 5-21　短距兰（*Holcoglossum nagalandensis*）的蚂蚁传粉
注：a、b：蚂蚁访花后将花粉块带走 c：蚂蚁清洁时留在唇瓣中裂片上的花粉块

六、创新发展，科学利用

兰花蕴藏着巨大的应用价值，但兰花行业同时存在无序利用、盲目种植、深加工不足、缺少规范等问题，不仅对野生资源造成极大危害，也不利于兰花产业的健康、持续发展。深圳向来被誉为"创新之都"，同时又是兰科植物产业化的重要阵地之一。兰科中心拥有地处深圳的有利环境，在经过充分调研后提出了探索"依法保护、科学利用"保护性开发的创新型发展道路，努力实现生态效益、社会效益与经济效益"三效统一"的目标。

兰科植物的药用和观赏一直是兰花行业的传统领域。兰科中心科研团队通

[1] 刘仲健,陈利君,刘可为,等.心启兰属（*Chenorchis*），兰科一新属和它的蚂蚁传粉的生态策略[J].生态学报,2008,28(6):2433-2444.

过细胞活力、细胞迁移、细胞侵袭以及细胞凋亡的系列试验，发现石斛中的
3′,4-dihydroxy-3,5′-dimethoxy-bibenzyl 能够抑制癌细胞的增殖，同时对癌细胞
的迁移和侵袭也表现出抑制作用，并能够加速癌细胞的凋亡进程[1]。除药效成分
与功能研究外，种质创新与应用也成为石斛行业发展的重要内容。兰科中心科研
团队选育出'崖斛''鹏斛''鹏米'等系列石斛优良新品种（图 5-22）。兰属
（*Cymbidium*）、蝴蝶兰属（*Phalaenopsis*）等兰科植物一直是传统花卉名品，畅销
国际花卉市场。兰科中心科研团队瞄准具芳香气味蝴蝶兰品种较少的空缺，选育
出了具芬芳香气、花色亮眼的蝴蝶兰新品种'品香''水袖'等（图 5-23），此
外，兰科中心科研团队还研制了提取制备、抗癌活性分析、活性化合物生物合成
基因鉴定等专利技术，开发了石斛君子面、石斛清口糖、石斛粉粒、石斛花茶等
诸多产品（图 5-24）。同时致力于服务人们的视觉美感，塑造了或绚丽多姿，或
意境优美的植物景观（图 5-25）。

图 5-22　兰科中心培育的新品种铁皮石斛'崖斛 1 号'

图 5-23　兰科中心培育的
新品种蝴蝶兰'品香'

[1] Zhao M. L., Sun Y. Y., Gao Z., *et al.* Gigantol attenuates the metastasis of human bladder cancer cells, possibly through Wnt/EMT signaling [J]. OncoTargets and Therapy, 2020(13): 11337-11346.

图 5-24　兰科中心研制的兰花产品

图 5-25　兰科中心打造的微景观和绿植景观

作为全国性经济中心城市和国际化城市的深圳，正在全力建设中国特色社会主义先行示范区、综合性国家科学中心，在诸多行业和科学领域处于中国甚至世界领先地位。在深圳多措并举、创新发展的环境下，在深圳从事兰科植物研究同行的共同努力下，我们相信深圳兰科植物的科研工作将以"深圳速度"步入崭新的发展阶段。

第三节
深圳的兰花科普教育

　　兰科植物是世界上最珍贵的野生植物资源，被赋予了特殊的文化内涵，是植物保护中的"旗舰"类群，具有重要的科研和科普价值。近年来，近 20 万个兰花杂交种被人工选育出来，逐渐替代野生兰花应用于市场，但人工培育兰花成本较高，且只有野生兰花才具有"独特韵味""特殊药效"的固有执念在很多人心中依旧存在，野外采挖倒卖的现象仍旧屡屡出现。与此同时，很多人对兰花的赏析和食用、药用缺乏科学认知，对兰花特殊的生活习性和繁殖特征不太了解，常常成为"兰花杀手"。如何赏兰、辨兰、种兰、养兰、用兰以及了解兰花文化成为人们的迫切需求。因此，广泛传播兰花科学知识，普及兰花人工繁殖栽培技术，增强人们对野生兰花及其生存环境的保护意识刻不容缓。

　　国内外兰科植物相关的专业书籍和研究论文越来越多，由于内容繁多，专业性太强，普通植物爱好者难以有足够的时间和精力来学习，需要科普人员将其转化为通俗的语言才能为公众所理解。因此，加强兰花的科普教育，不仅对于保护野生兰花资源起到重要作用，更可以满足当今人们日益发展的物质和精神需求，促进人与自然的和谐共存。

一、中国兰花科普教育的现状

2016 年，国务院办公厅印发《全民科学素质行动计划纲要实施方案（2016—

2020年）》，明确提出"科学素质决定公民的思维方式和行为方式，是实现美好生活的前提，是实施创新驱动发展战略的基础，是国家综合国力的体现"。党和国家高度重视科学普及工作，把科学普及放在与科技创新同等重要的位置，与科技创新一起成为国家创新驱动发展"一体两翼"中的两翼。全国上下已经形成了科普事业蓬勃发展的良好氛围，一方面，科技部、环境保护部、教育部等国家层面对公众科普教育非常重视，从上到下掀起了科普教育和生态环境保护的高潮；另一方面，随着公众素质的提升和对环境的关注，自然教育从下到上逐渐兴起，催生了一大批热心公益、有活力、有实力的科普教育爱好者和自然教育机构，从2014年到现在，全国范围内共组织召开了7次全国自然教育论坛，并联合成立全国自然教育网络，多方联合，共同参与，掀起了自然教育行业兴起的高潮，与此同时，无数科研人员走向公众教育岗位，共同传播科学知识。

植物学家钟扬教授曾强调："一个基因可以拯救一个国家，一粒种子可以造福万千苍生。"任何一个物种的丧失都会带来不可估量的影响，野生兰科植物多样性的保护需要全世界人们的共同努力。中国是世界上兰花资源最为丰富的国家之一，在世界有着独特而不可替代的重要地位。因此，面对国内兰花市场的巨大需求和野生兰花资源遭受严重破坏的现状，在全国范围内普及兰花的科学知识，强化可持续发展的生态环保理念，提高全民对野生兰花及其环境的保护意识成为植物科普教育中的最典型内容。

一般说来，科普教育从形式上可分为线上科普和线下科普两种，兰花科普也不例外。线上科普是指借助于网络媒体资源通过科普视频、科普直播、科普网站、微博和微信图文等方式传播科学知识和文化理念，具有科普受众覆盖面广泛、不受时空限制等优点。线下科普教育除了出版兰花科普读物或书籍之外，还包括兰花科普展览（图5-26）、兰花科普讲座、兰花导赏、兰花互动体验活动等多种形式，具有直观性、互动性较强等优点，两者共同促进公众对兰花的认知，提升环保理念。

图 5-26　上海辰山植物园兰花系列科普展

　　科普教育从内容上可分为通识教育和专题探究两大板块。兰花的通识教育以传统的参观讲解、科普报告、出版和印刷科普读物、科普展览等为主要形式，结合当季盛开的兰花，现场解说兰花背后的科学故事，属于浅层科普，具有耗时短、受众面广等优点。专题探究主要面向中小学生和兰花爱好者，通过多层次、分专题的深入解说和实践，引导学习者来了解兰花的方方面面，为兰花爱好者打开自然观察的大门，不仅为培养研究性人才打下基础，还可通过兰花爱好者的二次传播，有效推动公众对兰花认知的整体提升。

　　借助兰花活体植物的展示开展兰花科普教育是公众了解兰花的最直观方式。我国中科院西双版纳热带植物园、中科院武汉植物园、中科院华南植物园、昆明植物园、上海辰山植物园、北京植物园等国内主要植物园都常设有兰花专类园和兰花景点，而且还定期或不定期举办不同规模的兰花专题展览，在展示兰花种类多样性的同时，普及兰花科学知识。如上海辰山植物园每两年举办一次大型的上海国际兰展，通过多种多样的科普方式引导市民亲近兰花，了解兰花，推广兰文化，倡导在赏兰中陶冶情操，提升生活品位，提高对兰花的科学认知（图5-27、图5-28）。

图 5-27　上海国际兰展公众赏兰

图 5-28　兰花自然笔记活动

　　除了兰花科普展，兰花科学绘画展也是一种很好的科学传播方式。比如 2016 年，中科院西双版纳热带植物园联合中科院武汉植物园、中科院华南植物园、厦门植物园、北京植物园，共同举办"兰之魅"兰花保护绘画联展，并印刷大量兰花绘画图册，向公众宣传兰花之美的同时，提高了公众对兰花保护的认识和意识（图 5-29）。

　　各个兰花专题展览展示和科普活动在全国范围内有效地提高了公众对兰花的科学文

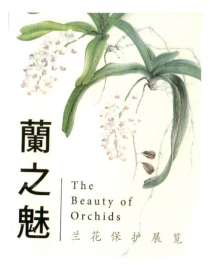

图 5-29 "兰之魅"兰花保护展览图册

化认知水平，但面对公众对兰科植物越来越浓厚的兴趣，兰花系列科普书籍的出版、科普活动的开展以及兰花栽培养护培训体系的建立还需要科普工作者的共同努力。

二、深圳的兰花科普教育

深圳市十分重视科普教育工作，近年来，不仅深圳市仙湖植物园、华侨城国家湿地公园、福田红树林生态公园、梧桐山国家森林公园、花田盛世等不同企事业属性的单位成为深圳市或广东省科普教育基地，红树林基金会、绿色基金会、壹基金等也纷纷参与公众公益科普工作，科普教育人才队伍更加多元化，科学普及的人群覆盖面更加广泛。深圳丰富的兰花资源为开展生态环境教育提供了良好的条件。

深圳市仙湖植物园于 2016 年完成了蝶谷幽兰专类园（图 5-30）改造和提升工作，占地面积 7208 平方米，不仅常年展示丰富多样的兰花景观，还在景点内建成开放科普馆（图 5-31），介绍兰花的前世今生和科学故事。

位于福田区的深圳花田盛世自然教育基地也在 2019 年、2020 年举办了两届深圳兰花科普展，以兰花文化为主线，以环保、自然、创新为理念，用数万兰花精心呈现绝美的兰花景观、花艺作品、组合盆景、新奇品种等，向公众展示和科学

图 5-30　深圳市仙湖植物园蝶谷幽兰专类园

图 5-31　深圳市仙湖植物园蝶谷幽兰科普馆

图 5-32　深圳花田盛世兰花展　　　　　　图 5-33　深圳花田盛世兰花科普解说

普及兰花的多样性（图 5-32、图 5-33）。

　　尤其值得一提的是，为了保护野生兰花，国家林业和草原局启动"全国野生动植物保护及自然保护区建设工程"，2005 年与广东省林业厅、深圳市政府一起建立全国兰科植物种质资源保护中心（深圳市兰科植物保护研究中心），进一步推动野生兰花种质资源的保育、科学研究和科学普及工作。

　　深圳市兰科植物保护研究中心自 2006 年成立以来，致力于兰花资源的保护、研究、科普科教和可持续产业研发工作，建有兰花活体种质资源库、兰花标本馆、深圳兰谷自然教育园以及国家兰科中心科普馆等，成为兰花专题科普教育实施的主要场地，先后被列为深圳市和广东省科普教育基地、深圳市和广东省自然教育中心、全国林草科普教育基地，是全国唯一一家以兰科植物为专业特色的科普教育基地。

　　2017 年 7 月建成并对外开放的国家兰科中心科普馆（即兰花自然历史博物馆）是目前全国最大的兰科植物专题科普场馆（图 5-34、图 5-35）。科普馆以长河拾馨、幽兰万象、揭秘兰谜等三个部分介绍了兰花的生长生活习性以及生态价值，让人们感受兰花的世界，共同了解兰花神奇奥妙的生命现象，了解科学家们为揭开兰花之谜所做的艰辛努力及取得的重大成就，了解国际组织和中国政府对兰科

图 5-34　国家兰科中心科普馆大门

图 5-35　国家兰科中心科普馆展厅

植物保护的积极行动和取得的成果。

兰科中心引种保存国内外珍贵的兰科植物多达 1800 多种，中心环境优美、景观独特，充分展示着兰花在自然界的生长状态，为保护野生种源、濒危兰科植物回归原生境并恢复种群，保护生物多样性提供了良好的条件（图 5-36）。

图 5-36　兰科中心兰园里的兰花景观

兰科中心结合园区的兰花常年展示开展各种类型的科学普及活动，为上万人提供兰花科普解说服务，传播兰花科研进展、野生兰花的保护理念等，深受深圳广大市民及中小学生的喜爱（图5-37）。

图 5-37　科普人员在开展兰花科普解说

2019 年 9 月，兰科中心联合梅山中学共同组织开展了以"礼赞共和国，智慧新生活 —— 兰花科普进校园，携手筑美丽家园"为主题的 2019 年度全国科普日活动（图 5-38）。以兰花为媒介，提高青少年对珍稀濒危物种的保护意识，共建人与自然和谐相处的画面。以兰花为媒介，激发学生对自然科学文化的浓厚兴趣，形成爱科学、识文化的浓厚氛围，启迪青少年的科学思想和创新能力。以兰花为媒介，带领青少年感受中国传统兰文化，品味高雅的生活，养成文雅的情操。通过活动的开展，在学生们的心中种下了一粒热爱自然、敬畏生命、崇尚科学的种子。活动被广东省科协评为当年的全国科普日优秀活动。

2020 年 9 月，深圳科普月期间，兰科中心在深圳罗湖区科协的支持下，举办

图 5-38　兰花科普进校园活动现场

图 5-39 兰花团扇 DIY 亲子活动　　　　　图 5-40 兰文化传承活动

了"兰精灵·大自然的馈赠"系列亲子活动，策划实施了 10 余场次兰花艺术写生、兰花标本制作、兰花团扇、兰花相框、兰花栽培等主题课堂，弘扬传统文化，得到了省市政府以及公众的广泛认可（图 5-39、图 5-40）。

此外，罗湖区科协联合罗湖区关工委、团区委、教育局，与兰科中心携手先后孵化成立了梧桐小学、华英学校、大望学校等 12 所学校的红领巾兰科科学社团，向青少年普及推广濒危兰科植物保护科学知识，传播濒危兰科植物保护科学精神，提高青少年保护生态环境的意识。

随着人们经济水平的提高，人工繁殖的兰花在花卉市场占据的比例逐渐加大，据 2020 年底年宵花市场的初步统计，大花蕙兰、蝴蝶兰、文心兰、墨兰等兰花的比例占了花卉市场的近 40%，越来越多的人崇尚兰花的高雅气质以及背后深厚的文化内涵，乐于种兰和养兰。如何科学地种兰、养兰成为市场最迫切的需求。兰科中心策划实施了兰花生态盆景制作特色科普活动，从"什么是兰花""有哪些常见兰花"等兰花种类的介绍到兰花种植盆器、生长介质、微景观配置等，开展科普解说和互动体验活动，并策划拍摄种兰、养兰科普视频，提升公众科学养兰的基本素养（图 5-41、图 5-42）。

图 5-41 兰花种植体验活动

图 5-42 深圳市科普志愿者兰花专题培训

2020 年，由于新冠疫情的影响，深圳市兰科植物保护研究中心建设了题为"兰谷零距离"的兰花专题科普网站（http://www.cnocc.cn/lgjl.shtml），以展示兰花的科普文图等科学知识和科普教育活动信息，还通过"深圳兰谷"官方微信公众号（NOCC-SZ）开辟了"云赏兰""植物保护"等栏目，发布各类兰花科普文图，拍摄制作"云游兰谷·兰花鉴赏"科普短视频，通过各种平台线上传播。为进一步提升公众对兰花的科学认知，传承兰文化，引导公众可持续开发利用兰花的环保理念，兰科中心策划开发了系统深入的兰花专题系列科普课程——"探索兰花世界的秘密"，内容有"兰花生存策略""兰花多样性与赏析""兰花种植与养护""兰花产品开发利用"等四大方向十二个专题，被评为"广东省优秀自然教育课程"。

2021 年，全国科技活动周期间，正值兰花盛开，兰科中心联合团市委、罗湖区科协、罗湖区团区委等单位举办了"兰馨湾区·万象罗湖"2021 年深港澳青年兰花"家"年华系列活动（图 5-43）。活动包括"寻兰之旅"兰园游览及科普知识闯关、"兰亭深处"书画与音乐会、"以兰入画"兰花盆景制作等兼具科普性和趣味性的兰文化体验。深港澳青年携家人着汉服，参观兰园，欣赏千姿百态的自然之兰，在曲水流觞中感受"生态＋科普＋传统文化"的魅力，促进了深港澳青年的互动交融，坚定文化自信，厚植爱国情怀，增强对祖国的向心力。活动被新华社、学习强国、《深圳晚报》等媒体宣传报道。

图 5-43 "兰馨湾区·万象罗湖"2021 年深港澳青年兰花"家"年华系列活动

2022 年，全国科普日暨深圳科普月期间，兰科中心与企事业单位、学校及社区等联动，以线下自然兰花科普展、兰花保护实操体验，线上科普知识有奖问答的活动形式，开展了以"喜迎二十大，科普向未来 —— 多彩自然兰花，共守绿水青山"为主题的系列活动（图 5-44）。活动聚焦生态文明建设重点领域，深入贯彻党的十九大和二十大等全会精神，普及濒危物种保护科学知识，传播生态文明理念，弘扬科学精神，推动全民科学素质全面提升。

图 5-44　2022 年兰科中心举办的"自然深圳兰花展"

兰花相对于人类经历了更为漫长的历史，她们能活到今天并生存于全球的几乎全部生境，拥有着与时俱进的生存和繁衍策略，具有人类某些"智慧"和"情感"，并在大自然生态平衡和物种的进化上扮演着重要的角色，是公众自然教育的优秀对象。

第四节
深圳的兰花产业

兰花产业在观赏、药用、日化等领域都得到了长足发展。粤港澳大湾区作为改革开放先行之地和兰花产业集中发展区域，依托传统品种繁育、种质创新、栽培规模化、外贸体系完备的优势，40余年来其兰花产业获得了快速成长，形成了以观赏性兰花出口与内需消费双支柱、药用兰科植物重点开发的产业格局。

一、兰花产业分布

我国兰科植物自然资源丰富，一半以上的种类产于云南，其次是中国台湾、海南、四川、广西和贵州[1]。兰花产业的布局与原生分布有相同之处，这些兰花自然资源丰富的区域往往也是兰花产业快速发展的区域。而粤港澳大湾区拥有适宜的气候、发达的物流、数量众多的花卉市场和赏兰用兰的传统，是国内兰花产业集中分布、结构较为完整的代表地区。

（一）观赏性兰科植物

全国主要观赏性兰花市场有浙兰市场、川兰市场、滇兰市场和粤兰市场等[2]。各市场均呈现出具有区域特征的集种植业及文化旅游业于一体的兰花产业集群，涌现出了

---

[1] 陈心启. 陈心启说兰花[M]. 福州: 福建科学技术出版社, 2018.
[2] 马健. 中国兰花市场的经验研究[J]. 现代营销, 2012(2):50-51.

以浙江兰溪、福建南靖、四川温江和广东翁源等为代表的观赏性兰花种植核心区。

深圳是观赏性商品兰花的重要交易市场、产品集散地和花事活动举办地，周边不仅聚集了顺德陈村、南海平洲和番禺沙湾等兰花栽培基地，还连接着大湾区其他城市、福建、广西、云南、海南以及海外进口的兰花商品流通通道。深圳的观赏性兰花零售交易主要依托深港花卉中心、深圳百合花卉小镇和荷兰花卉小镇三个大型花卉市场，并占据了本市兰花零售交易的绝大份额。

（二）药用兰科植物

兰科植物另一大产业领域聚焦在具有较高药用价值的种类上。

石斛（*Dendrobium*）是兰科植物中药用价值最高、使用历史最长、种植范围最广的一个类群，石斛作为药用兰科植物的代表，已经形成了栽培种植和药用开发的主导产业。国家卫健委和国家市场监督管理总局已将铁皮石斛（*D. officinale*）认定为"按照传统既是食品又是中药材的物质"，为其深加工产业发展的合规性铺平了道路。石斛种植主要分布于云南、浙江、安徽、广东、广西、湖南和贵州等地，其中云南、浙江和广东三省种植面积最大（图5-45）。

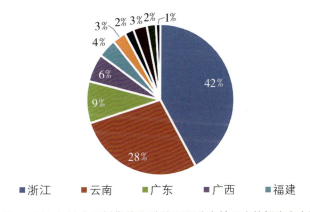

图5-45　2010年铁皮石斛集约化种植面积分布情况（数据来自中国报告网）

235

金线兰（*Anoectochilus roxburghii*），又称"金线莲"，主要产于我国广东、广西、福建、四川、贵州等地，药用金线兰在中医药实践中有广泛的用途，药理上对于手足口病、幽门螺杆菌感染等常见疾病有较好的治疗效果。目前国内的金线兰组培快繁技术已经比较成熟，众多高校和研究机构均开展了金线兰有效成分和药理活性的深入研究，推进了种类鉴定和规模化生产标准的完善 [1]。目前金线兰的人工栽培生产主要集中在福建、广东和广西，其中福建"武平金线兰"已获得全国药用金线兰道地产区的地理标志。

白及（*Bletilla striata*）兼具药用和观赏价值，在我国主产于陕西、甘肃、安徽和浙江等地，药用白及来其干燥块茎（假鳞茎），是传统中药材之一。目前白及的供给已经由野生采集转为大面积分株栽培，但仍处于供不应求的状态。白及是临床使用较为成熟的药用兰科植物品类，以白及为原料的产品和中成药包括颗粒、冲剂、胶囊和白及代血浆等，以白及为原料的化妆品和日用品如面霜和牙膏等也已问市 [2]。白及产品和应用的快速发展导致目前国内外以多糖为测定指标控制白及的质量已不能满足其质量标准控制的要求，因此加强白及活性成分指标和品种鉴定等标准的研究将成为白及产业发展的必然途径。

天麻（*Gastrodia elata*）具有悠久的人工驯化栽培历史，野生天麻广泛分布于各个地区，现代人工栽培天麻产区主要集中在湖北、陕西、安徽、云南和东北地区。天麻的药用部位为地下块茎，是治疗高血压和肢体麻木等病症的常用药物。天麻是少数经过系统研究后，基本达到质量控制和高产栽培模式的药用兰科植物。天麻已经被纳入药食物质管理体系，与铁皮石斛一样成为被认定的食品与中药材两用物质。

[1] 沈廷明, 吴仲玉, 黄春情, 等. 金线莲化学成分、药理、组培及栽培研究进展[J]. 海峡药学, 2016, 28(12):26-30.
[2] 仇硕, 赵健, 唐凤鸾, 等. 白及产业的发展现状、存在问题及展望[J]. 贵州农业科学, 2017, 45(4):96-98.

绥草（*Spiranthes sinensis*），又称"盘龙参"，全草均可入药，具有较高的药用疗效和保健作用。盘龙参分布区域广泛，在东亚及南亚地区均有生长，在蒙、藏医药等民族药物中也都有使用。盘龙参植株较小，外加被长期过度采挖，已被列入我国二级保护植物，药材供应主要来自野外植株的移栽培育。受资源稀缺限制，盘龙参有效成分的研究仍处于初级阶段，采种、育苗等保护性技术研究和管理措施是目前盘龙参产业开发的重点[1]。

毛唇芋兰（*Nervilia fordii*），又称"青天葵"，全草或块茎均可入药，是广东、广西的特产药材，属于传统中药，曾是我国出口创汇的主要药材之一，在部分地区也被用于菜肴食用。青天葵的大规模野生资源开发始于20世纪50年代，但由于过度采挖，野生资源已濒临枯竭，现被列入中国物种红色名录。目前广东和广西的南药青天葵的道地产区分别开始建立规范化种植基地和就地保护区，用于开展人工种植研究，为下一步实现资源供给和控制药材品质提供保障[2]。

（三）香料兰科植物

兰科植物芳香价值驱使着人们对花朵以外的其他部位进行更深入的探索，然而兰花芳香的存续时间较短，芳香成分的提取保存难度大、成本高是构成天然兰香开发与推广的最大障碍。香荚兰（*Vanilla*）是迄今为止人类唯一广泛应用于香料的兰科植物。香荚兰的长圆形种子（香荚兰豆）含有香兰素（也称香草精），包含约170种天然化合物，经发酵产生独特的芳香气味，浓郁持久、回味悠长、和善多韵。有研究成果表明人类最喜好的三种香料香精气味中，香荚兰排名首位，素有"香料之王"的美誉。香荚兰属约有119个种，但具有较高栽培价值的仅有3个

[1] 张伟, 金传山, 周亚伟. 盘龙参研究进展[J]. 安徽医药, 2010, 14(7):748-750.
[2] 梁永枢, 宫璐, 黄志海, 等. 南药青天葵全球产地生态适宜性分析[J]. 亚热带植物科学, 2017, 46(4):339-342.

种[1]：香荚兰（*V. planifolia*）、大花香荚兰（*V. pompona*）以及塔希提香荚兰（*V. ×tahitensis*）。

香荚兰原始产地分布在地球南北回归线之间的热带雨林地区，香荚兰的加工技术在大航海时期从中美洲传入其他地区。随着栽培种植技术的进步，香荚兰的产地范围进一步扩大拓展，印度、印尼和巴布亚新几内亚相继成为全球香荚兰原料供应的重要产区。

由于气候条件所限，深圳并不适宜香荚兰果荚结果，因此香荚兰未能在深圳形成产区，但粤港澳大湾区是兰花香料的重要应用市场。深圳等地已经具备相关的生物和化学工程技术能力，实现兰香的原香提取。这一类新技术主要通过高效的液相萃取方法，依靠精油、纯露等载体介质将天然兰花芳香成分提取出来，从而达到保存和浓缩的目的。

二、市场发展现状

（一）全国性兰花组织

我国现存全国性兰花组织有：中国野生植物保护协会兰花专业委员会、中国植物学会兰花分会、中国花卉协会兰花分会。其中，兰花专业委员会成立于2018年，深圳市兰科植物保护研究中心为其理事单位，是我国兰科植物科研及保护事业的重要社会力量；中国植物学会兰花分会成立于1987年，兰花分会宗旨在于团结和组织广大兰花科技工作者和业余爱好者，促进我国兰花学术研究和科研成果交流；中国花卉协会兰花分会是中国花卉协会的分支机构之一，分会的宗旨是弘扬中华兰文化，保护兰花资源，繁荣兰花经济，促进兰花产业发展，主要开展兰花资源

---

[1] 陈德新. 香荚兰豆专题系列之二——国外香荚兰豆的发展史话及品质评价[J]. 香料香精化妆品,2005(4):40-43.

保护，发展兰花经济和兰文化，该机构为发展中国传统名花而设立。我国的国兰栽培新品种登记注册审查委员会总部设在广州市，由中国兰花协会与中国兰花学会共同领导。在全球层面，管理注册兰花人工杂交新品种的国际权威机构是英国皇家园艺学会（The Royal Horticultural Society，RHS）。这些组织机构为兰花的多样性保护创新、品种权保护和行业发展等起到了积极的引导和推动作用。

（二）观赏性兰科植物市场现状

改革开放以来，观赏性兰花逐渐从小众欣赏发展到大众消费，种植栽培也由庭院农业跨入了规模化种植。其间经历过消费性炒作和市场的理性回归，目前趋于稳定。在对外贸易方面，由于兰花受 CITES 保护，国内人工栽培兰花产品的出口程序相对复杂，但出口贸易的规模十分庞大，中国介质蝴蝶兰出口量每年就可达2000万株的水平 [1]。在国内市场方面，2018年年宵期间，全国主要花卉市场的蝴蝶兰总销量近1935万盆；高品质的大花蕙兰总销量约316.4万盆[2]。受本地"年宵花卉"传统习俗影响，中国南方特别是广东地区的兰花国内销售规模已经远远超过了出口，2012年，顺德地区的国兰全国销售量接近同期出口量的5倍，达到了2000万株的水平。

观赏性兰花是公认的集文化品位与自然内涵美于一体的载体，市场生存能力与开发潜力是其他花卉无法比拟的。深圳毗邻观赏性兰花主产区，且消费群体庞大，大湾区本地花卉市场具有终年经营流通便利的优势，这些因素促使深圳的观赏性兰花进入家庭、办公楼和园林景点，并逐步形成了一次性消费的趋势。

---

[1] 中国介质蝴蝶兰首次出口美国[J]. 林业科技通讯, 2017(08):23.
[2] 中国花卉协会. 2018全国花卉产销形势分析报告[J]. 中国花卉园艺, 2018(13):10-27.

（三）药用和芳香兰科植物市场现状

铁皮石斛（*Dendrobium officinale*）、金钗石斛（*D. nobile*）、鼓槌石斛（*D. chrysotoxum*）是最主要的三种兰科药用石斛属植物，而铁皮石斛由于市场认知度高，适栽范围广，最为人所熟知。近十年来，铁皮石斛产量一直处于上升状态，其市场规模相对于石斛整个行业的波动表现得更稳定，同时也反映出市场扩容空间仍然存在，但产业总体规模还需要一定时间进行调整（图5-46）。在城乡保健品消费支出年增速15%—30%的背景下[1]，名贵传统中药材的需求量正处于更快的增长阶段。

图5-46　2008—2019年国内铁皮石斛（*Dendrobium officinale*）产量情况（数据来自公开资料）

其他大规模种植的药用兰科植物栽培范围也随着市场需求而进一步扩大。金线兰（*Anoectochilus roxburghii*）是种苗繁育及药理成分等系统性研究关注度较高的药用兰科植物，近年来组织培养和设施栽培等关键技术取得长足进展，金线兰种植规模迅速扩大，初步形成了覆盖浙江、广东、云南和广西等省区的集科研、种植、加工和销售为一体的产业链。目前国内外市场对金线兰需求量不断上升，市场缺口有逐年加大的趋势。白及（*Bletilla striata*）的工厂化育苗技术应用相对比较

---

[1] 数据来自《2017—2022年中国保健品市场深度评估与投资前景分析报告》.

普遍，供需产量近年来基本保持稳定。大部分流通的商品白及主要销往医院、生物制药企业和药材经销商等医药领域，还有一部分用于化工领域，如护肤化妆品、浆丝绸及涂料等[1]。天麻（*Gastrodia elata*）的规模化栽培和产品深加工水平在国内较为成熟，各产区人工种植推广程度高，成为常见的药材品类，且近十几年来的产量较为平稳。国内以天麻为主要成分的中成药品种超过 100 类，包含天麻成分的保健食品和饮品等产品类型也为数众多。

（四）香料兰科植物市场现状

芳香兰科植物的应用历史悠久，但迄今为止被广泛应用的仅限于香荚兰（*Vanilla* spp.）。早期的香荚兰栽种范围较小，天然香兰素产量有限，主要用于直接烹调或食品。如今天然香兰素的使用已经不限于食品，还包括化妆品、香水与医药等高附加值领域。

随着化工和生物技术的成熟，特别是香兰素的结构被确定后，食品饮料、化妆品及香水等对合成香兰素的应用范围越来越广，当今的香荚兰香料配方需求量要依靠人工合成香兰素才得以满足。中国是目前最大的合成香兰素生产国和供应国，香兰素一半以上用于出口。天然香荚兰香料的提取工艺包括豆荚杀青、发酵和生香等多个步骤，原料的提取比例约为 20%，成本相对较高，一般作为高级食品、化妆品、酒类和口腔保健制品等的添加成分，使用天然香兰素的产品价格通常也远高于使用合成香兰素的同类产品。受气候条件限制，中国香荚兰产区仅集中在海南和云南西双版纳，且种植面积有限，在国内属于高级经济作物，香荚兰豆产量长期供不应求[2]。

---

[1] 石晶, 罗毅波, 宋希强. 我国白芨市场调查与分析[J]. 中国园艺文摘, 2010, 26(8):48-50.

[2] 陈德新. 香荚兰豆专题系列之三——中国香荚兰产业状况的调查报告[J]. 香料香精化妆品, 2005(5):33-36.

三、技术和知识产权情况

植物种植栽培领域最突出的知识产权形式是新品种权。国际上对兰科植物育种高度重视，在国际权威园艺作物鉴定机构——RHS上登录的兰花新品种中，各主要属的育成品种情况为：蝴蝶兰属 37000 多种，石斛兰属 13000 多种，兜兰属 27000 多种。RHS 仅授权登录首次育成品种，次生的实际新品种数量更多。目前我国与国际先进的兰花育种水平差距很大，国内兰科植物新品种及相关知识产权仍有相当程度的空白地带有待完善。

兰科植物对生长环境的要求较为苛刻，对自然变动和人为活动的影响敏感，易受外界环境变化影响而导致变异，因此产业开发过程中的非集约化小规模生产和不稳定的栽培环境很容易导致兰科植物的品质无法得到保障。为了满足外销和国内消费市场的需求，观赏性兰花的各主要产区都在努力改进提升花卉品质和培育创新品种。大湾区是兰科植物种质资源创新的重要汇聚地，深圳市兰科植物保护研究中心长期推进兰科植物的分子育种与常规育种工作，目前已研发蝴蝶兰（*Phalaenopsis*）、石斛（*Dendrobium*）、兜兰（*Paphiopedilum*）、鹤顶兰（*Phaius*）等多个兰花新品种系列。

药用兰科植物对品质均一性和稳定性有更高的要求。针对广东地区石斛集约化规模种植的局限性以及原料道地性品质的要求，深圳市兰科植物保护研究中心开展了铁皮石斛（*Dendrobium officinale*）仿原生态种植的技术开发，实现了以恢复生态学为理论基础的石斛生长人工环境再创造及组织培养技术创新，提升了岭南地区铁皮石斛集约化规模种植的能力并有效保障了原料品质的均一性。

道地药材是指经过中医临床长期应用优选，产在特定地域，种源稳定、未经杂交变种，与其他地区所产同种中药材相比，品质和疗效更好且质量稳定，具有较高知名度的中药材。为提升药用兰科植物的原料供给以达到道地性标准，兰科中心已经在铁皮石斛（*D. officinale*）、霍山石斛（*D. huoshanense*）、金钗石斛（*D. nobile*）等常见药用兰科植物领域与相关道地产区的政府部门和企业进行合作，共建道地药材资源种植和供应网络。通过栽培和种植技术推广及经验积累，形成药材鉴定、检测与认证标准权威，保障药材资源的道地性。

药用兰科植物制品对研发与生产的条件要求极高，在庞大需求的推动下，存在产品品质无法保证和市场不规范的情况。以铁皮石斛为例，铁皮石斛的药用开发对整体主导产业乃至所有关联产业的可持续健康发展都具有关键的带动和支撑作用，药用开发对专业人才、技术、研究水平和生产条件等的要求都远高于其他关联产业，所以具有较高的行业壁垒。现存的主要初加工产品有枫斗晶、石斛粉和浸膏等，深加工产品有中药饮片和配方颗粒等。由于行业壁垒、审核制度的限制，合规初加工和深加工产品长期处于供不应求的局面，也为低端不合规产品的渗透创造了漏洞。这种不规范和混乱的现象也直接对栽培种植层面的铁皮石斛原材料造成了负面影响。近十年来，国内铁皮石斛产业专利申请量相应呈现出了大起大落的状态[1]（见图5-47），不利于形成产业上下游长期可持续良性创新循环。药用兰科植物的濒危和需求状况促使国内众多科研单位对恢复其资源开展了持续研究。近年来，科技部和国家自然科学基金批准资助了一批药用兰科植物研究项目，广东省也提供了林业以及新兴产业方面的专项支持。现在，石斛已成为针对一种药材被立项研究最多的植物种类之一。

深圳市兰科植物保护研究中心主导了有关种质资源保护、野外种源监测、人工栽培技术（图5-48）、品质鉴定、药理学研究、药食同源开发等一系列研究项目，范围扩展到了药用兰科植物产业开发的各个主要领域，兰科中心创新性地根据兰

---

[1] 谭道鹏, 杜艺玫, 鲁艳卿, 等. 于Soopat的铁皮石斛专利信息分析[J]. 中国科技信息, 2019(22):21-23.

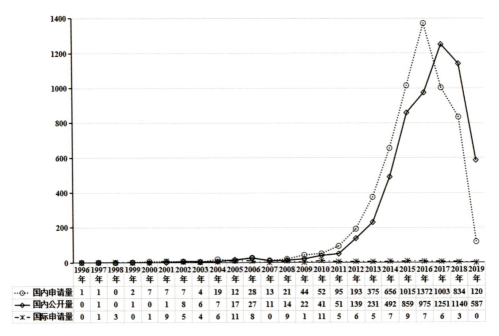

	1996年	1997年	1998年	1999年	2000年	2001年	2002年	2003年	2004年	2005年	2006年	2007年	2008年	2009年	2010年	2011年	2012年	2013年	2014年	2015年	2016年	2017年	2018年	2019年
国内申请量	1	1	0	2	7	7	4	19	12	28	13	21	44	52	95	193	375	656	1015	1372	1003	834	120	
国内公开量	0	1	0	1	0	1	8	6	7	17	27	11	14	22	41	51	139	231	492	859	975	1251	1140	587
国际申请量	0	1	3	0	1	9	5	4	6	11	8	0	9	1	11	5	6	5	7	9	7	6	3	0

图 5-47　铁皮石斛（*Dendrobium officinale*）专利申请及公开数量情况

图 5-48　兰科中心标准化栽培温室及铁皮石斛培育情况

科植物的特性构建并完善了兰科植物 DNA/RNA 数据库、天然产物数据库和微生物数据库，开展兰花与微生物生态研究、兰科芳香学应用、兰科重要天然产物药用活性研究和药食同源新型食品研究，为兰科植物天然香精香料、活性化合物的开发提供更完备的理论支持和底层的技术支撑。

四、产品情况

（一）初级产品

兰科植物初级产品指基本保留了植株外形外观、主要成分与原料不存在显著差异、保存方式和条件要求不高、未经复杂加工即可消费使用的产品。兰科植物初级产品覆盖面较广，包括了兰科观赏类盆栽花卉、种苗、鲜条、枫斗、花茶和叶茶等（图 5-49）。

在兰科中心不懈的努力推动下，人工栽培兰科植物的保护性开发和可持续应用研究取得了较大的进展。依托"环境友好型"人工栽培技术，兰科中心为兰科植物初级产品提供了来源稳定与品质可靠的生产原料。现在，部分经过兰科中心认证的产品已经获得了市场的认可，广受消费人群的青睐，这些产品包括"兰谷绿植"（兰科植物花卉、盆景、兰苗、室内及户外附生观赏性兰花）、铁皮石斛花茶和铁皮石斛鲜条等。

图 5-49　常见石斛初级产品（鲜条、干条、枫斗、切片）

（二）深加工产品

兰科植物深加工产品是指以兰科植物为原料，经过较为复杂的工艺生产制造，储存要求较为严格，以提升兰科植物药用、芳香和保健等功效为目标的产品。据国家药监局数据库资料显示，全国以兰科植物，特别是以石斛为原料的深加工产品生产制造企业有上百家，涉及产品类型有 200 余种，主要产品有颗粒、胶囊、浸膏、软胶囊、石斛酒、功能性食品、保健饮品、洗护用品和化妆品等。

2019 年国家卫健委发布了《关于对党参等 9 种物质开展按照传统既是食品又是中药材的物质管理试点工作的通知》，明确对包括铁皮石斛（*Dendrobium officinale*）和天麻（*Gastrodia elata*）兰科植物在内的 9 种物质开展食药物质管理，这意味着兰科植物药食同源市场进一步扩容，也为兰科植物深加工产品和产业的发展提供了指引和方向。

兰科中心通过自主研发以及合作开发的方式，投入了大量资源用于深加工产品的研究，形成了较为完整的保健食品、饮品和化妆品产品体系，现有产品类型有兰花精油、保湿露、护手霜、石斛清口糖、石斛面、石斛冻干粉和石斛颗粒等。其中，兰科植物精油萃取、成分均质和活性稳定等核心技术已经相对成熟，以精油为关键原料的兰花保湿露及兰花香型保湿精华，将在市场中具有独特的品类优势。"药食同源"系列产品中，石斛清口糖代糖技术使用了纯天然植物甜味品；石斛面则具有色泽稳定、口感柔滑、无纤维杂质和成分溶出率低的明显优势；石斛冻干粉是石斛系列保健品和药品的未来理想替代性原料，具有广阔的市场前景。

五、兰花产业发展的问题与展望

我国的兰花产业正处于成长阶段，目前还有诸多问题制约着其系统性与前瞻性，主要表现为：资源的无序开发、产业链松散融合度低、缺乏协同和一致性。

根据兰科植物最基本的保护要求，其关联产业开发以及市场流通仅限于人工栽培品种，不得涉及野生资源。然而从过去的情况看，关联产业对兰科植物资源的负面影响仍然存在，生产端人工栽培技术水平低、普及度差，市场端消费导向和认知不科学，以及无序出口共同导致大量有观赏价值和药用价值的野生兰科植物资源遭到掠夺性破坏，致使宝贵的兰科植物资源大量流失。

兰花的相关产业和主导产业皆表现出了上下游链接松散、专业化分工不足、产业链的横向和纵向扩张难度大、市场渠道不稳定、产出水平和品质不可控、资源难以有效整合等问题。少量的中下游龙头兼顾原料生产、加工和销售，虽然有技术和品牌优势，但产业链跨度过大，一定程度上削弱了自身的专业性和产品的差异化。

兰科植物关联产业体系所涉及的细分行业种类多、涵盖领域复杂度高，在管理上容易形成多方交集的局面，譬如顶层的农业农村部和自然资源部均涉及了兰科植物的统筹管理。在地方层面，根据兰科植物不同细分行业、不同价值属性乃至不同种类而成立的协会和组织亦为数众多，其职能多有交叉。从协同的角度来看，整个产业体系都缺乏统一的规范管理和协同的发展认识。

随着社会经济发展、生态环境质量要求提升以及公众审美意识增强，园林化和生态宜居化将成为大型城市的发展方向，以兰花产业为代表的园林产业将在城市生态建设中扮演更加关键的角色。据统计，粤港澳大湾区仅被列入 CITES 保护的兰科植物就达 65 属 182 种，其中 93 种为我国特有，3 种为粤港澳大湾区特有，充分显示出大湾区建设植物多样化储备库和生态城市集群的资源优势。这些资源优势不仅对维持本区与周边地区的生态平衡、植物资源的保护和利用具有十分重要的意义，更对我国城市化背景下的城市群生态、经济、社会的良性运行和现代化生态城市的建设具有深远示范作用。深圳作为粤港澳大湾区的枢纽和国际花园城市，拥有独特的区位优势和创新活力，但目前深圳对园林美化、多样植被协同、花卉生态景观、药用和芳香兰科植物基础与应用研究的投入偏弱，未能展现深圳本地特色、花园城市文化风貌和战略新兴产业的强大动能。深圳应博采全球园林城市发展经验，着眼全国兰花产业布局，充分协同利用大湾区兰科植物产业基础，把握经济特区和社会主义先行示范区的机遇，形成有潜力和竞争力的兰花产业特色经济。

第五节
深圳兰花保护发展愿景

习近平总书记在党的十九大报告中指出，"经过长期努力，中国特色社会主义进入了新时代"，"中国特色社会主义进入新时代，我国社会主要矛盾已经转化为人民日益增长的美好生活需要和不平衡不充分的发展之间的矛盾"。2019 年 8 月，《中共中央国务院关于支持深圳建设中国特色社会主义先行示范区的意见》中，明确了深圳五大战略定位，即高质量发展高地、法治城市示范、城市文明典范、民生幸福标杆、可持续发展先锋。提出要"率先打造人与自然和谐共生的美丽中国典范"，一是"完善生态文明制度"，"实行最严格的生态环境保护制度，构建以绿色发展为导向的生态文明评价考核体系，探索实施生态系统服务价值核算制度"；二是"构建城市绿色发展新格局"，"坚持生态优先，加强陆海统筹，严守生态红线，保护自然岸线"，"实施重要生态系统保护和修复重大工程，强化区域生态环境联防共治，加快建立绿色低碳循环发展的经济体系，构建以市场为导向的绿色技术创新体系，大力发展绿色产业，促进绿色消费，发展绿色金融"。

上述重要思想、重要文件精神，不仅为深圳做好兰花资源保护与利用工作提供了根本遵循，也对深圳在全国乃至国际上应当做出的担当、发挥的作用和影响提出了更高要求。

一、深圳在兰花资源保护与利用中的地位

我国于 1980 年 12 月正式加入 CITES，所有野生兰花种类均被该公约附录列为国际贸易管制物种。为防止对野生植物的过度开发利用导致出现物种灭绝风险，《中华人民共和国野生植物保护条例》对濒危植物实行严格的保护措施，通过发布《国家重点保护野生植物名录》依法保护。同时，在严格保护野生物种的基础上，国际社会也形成广泛共识，鼓励和支持人工繁育技术的研究和推广，通过人工繁育栽培解决社会对植物资源的应用需求。

深圳是我国实行改革开放政策之初最早对外开放的口岸城市之一，历届市委市政府高度重视野生植物的保护工作。尽管深圳对兰花的认识、保育起步比较晚，但起点高、发展快。早在二十世纪八九十年代，国内外兰花市场十分红火之际，深圳市林业主管部门在原梧桐山苗圃总场落实了野生兰花的保护措施，并在种质资源保护、人工繁育和栽培技术研究以及国际科学交流和合作等方面取得了诸多成效。2005 年，国家林业局在原梧桐山苗圃总场所在地挂牌成立"全国野生动植物保护建设工程 ——兰科植物种质资源保护中心"（简称"国家兰科中心"）。2006 年，经市政府有关主管部门批准，成立"深圳市兰科植物保护研究中心"（简称"兰科中心"），负责承担国家兰科中心各项建设任务，成为我国专门从事兰科植物保育研究的机构，经过近 20 年的发展，为我国野生兰花种质资源保护、科学研究、人工繁育兰花产业的培育以及人才培养等方面做出了重要贡献，在国内外产生了广泛影响。

二、牢固树立保护优先意识，旗帜鲜明地保护野生兰花

据调查统计，深圳本土分布有 100 余种野生兰花。但是，一些物种因栖息地生境丧失或遭受人为采挖等原因，居群数量急剧减少，部分物种存在濒危或灭绝

风险，社会各界应高度重视。

兰花对生境、气候条件极为敏感，对于经济高度发达的深圳来说，野生兰花的存活，不仅仅代表一类物种的存在，也是评价地区生态、环境气候的一项生物指标，具有十分重要的科学意义。同时，随着科学研究的深入，人们对兰花使用价值的认识也在不断深化，保护好与人类生命健康密切相关的自然生物资源，对于支撑经济社会可持续发展等方面也具有十分重要的意义。作为中国特色社会主义先行示范区，深圳有责任也有能力在保护野生兰花方面探索出更多更好的经验。

首先，要旗帜鲜明地开展保护野生兰花行动。要通过多种渠道广泛开展宣传教育，发挥野生动植物保护协会等社团组织在行业自律和规范引导方面的作用，提高全社会、全体居民群众自觉保护野生植物的意识，转变使用野生植物资源的观念。

其次，要坚持依法管理。在推进深圳法治城市建设进程中，以组织实施好《国家重点保护野生植物名录》为基础，结合深圳实际，通过地方立法，完善包括本土兰花在内的野生植物保护法规，明确市区财政对野生兰花资源调查、保护保育等基础研究、科研基地和保护设施等方面的投入，通过设立保护区、重点物种保护小区等方式，推进依法管理。明确市、区、街道、社区在属地管理中的职责，明确市场监管、农林等行政主管部门职责，规范市场行为，加大行政管理力度。推进野生植物保护综合治理，发挥公安司法机关在打击非法采挖野生兰花中的作用。

最后，要加强社会监督。发挥人大、政协、新闻媒体、社团组织以及公民个人的作用，构建全方位的监督体系，将保护工作落到实处。

三、持续推进科技创新，服务经济社会发展

深圳是一座充满创新活力的城市，在保护与利用兰花资源的研究方面，在国内外具有领先优势。在本市有多个科研机构和团队协同攻关，例如兰科中心、华大基因、仙湖植物园、中国农科院基因组所、深圳大学、南方科技大学等等，同时，也建立了广泛的对外合作交流平台。依托兰科中心建设的兰科植物保护与利用国家林业和草原局重点实验室、中国野生植物保护协会兰花专业委员会、深圳市植物学会、深圳市兰花协会等，云集国内外兰花科学工作者，经常举办各种学术交流活动，形成了研究合力，扩大了深圳的影响力。

未来，深圳应深化兰花保护与利用的基础研究、应用技术研究。一是更系统地认识和掌握野生兰花濒危机理，开展保护，逐步攻克保育方面存在的关键技术问题，在做好野生兰花就地保护、迁地保护的同时，科学、有序组织濒危物种繁育野外回归，复壮种群，修复生态，创造生态效益。二是发挥种质资源优势，高质量开发人工繁育新品种，满足社会应用兰花资源的需求。积极稳妥地处理好保护与利用的关系，在做好野生物种保护工作的基础上，积极主动回应社会对兰花资源的应用需求，通过科技创新推广人工繁育技术，支持、鼓励企业组织人工繁育兰花的规模化生产，有针对性地开发培育性价比高、质量更上乘的兰花新品种，真正解决市场对野生物种的依赖问题。三是加强兰花生物技术与生命健康领域研究，推进技术成果转化，研发更多更好、更受人们喜爱的应用产品，推动植物经济产业和医药产业的发展，服务地方经济发展。四是深入挖掘兰花文化和美学价值研究，推动文学、美术和园艺等作品创作活动，丰富精神文化产品，充分发挥兰花在人们高尚情操养成、引导健康生活品位等方面的作用，创造社会效益，服务地方社会事业。

后　记
兰文化的延续

一

兰花在我国传统文化中具有非常特殊的地位，我国古人将它作为寄情寓志的载体，象征君子品格，赋予了诸多精神内涵。从文学方面看，自春秋以来的历朝历代，出现了大量吟兰、咏兰的诗词作品，兰花至今依然是文人吟诗作词创作的素材；在戏剧方面，有著名戏剧动作"兰花指"；在美术艺术方面，与兰花有关的书法绘画作品也非常丰富；在人文哲学方面，兰花在儒、释、道三家，常被作为修身修行的隐喻，如儒家有"芝兰之室""同心之言，其臭如兰"之喻，释家有"兰若"之居，道家有"深谷幽兰"之迹等等。

在春秋战国时代，佩兰成为贵族身份的象征。自东汉以来，在士大夫阶层，养兰爱兰成为文人雅士的一种特殊喜好。宋代之后，一些文人雅士总结养兰经验，陆续出版了养兰的著作，代表作有宋代的《金漳兰谱》《王氏兰谱》、明朝的《罗篱斋兰谱》、清朝的《翼谱丛谈》《第一香笔记》等等。这些著作对推动我国民间兰花栽培业、园艺业的发展，以及传统栽培技艺的传承发挥了积极的作用。我国古人养兰爱兰的文化，不仅延续至今，也传播到日本、韩国、越南、新加坡等东亚东南亚国家，对当地兰花文化形成、兰花产业的发展，产生了深远影响。

近年来，我国市场上人工繁育、栽培的兰花品种，主要功能有观赏、食用、药用三大类型。通常我国栽培的本土兰属兰花品种被称为"国兰"（中国兰），比如春兰、蕙兰、建兰和墨兰等，以"地生"为主，它们在兰科植物中只占很小一部分，但其分布地区很广、产量很大，其变种和变型数量也很多，有的因形态特殊、繁育困难而成为珍贵品种，盛产于浙江、四川、湖北、云南、广东、广西、福建、台湾等地。20世纪80年代、90年代，国兰曾风行一时。

与生长于泥土地上的"国兰"相对的另一类兰花，不是生长在土地上，而是以气生根附生于大树高枝或悬崖峭壁、山间岩石上，称为"附生兰"，因其大量分布于美洲、非洲和亚洲的热带、亚热带地区，故又称"热带兰"。由于我国市场上最早人工培育栽培的这类品种来自国外，通常将这类兰花称为"洋兰"。世界上的很多国家，有养洋兰的风气。洋兰花形奇特，色彩斑斓，深受世人喜爱。英、美、日等国经常举办兰花展会，在国际上有相当大的影响力，展会期间评比出得奖品种，特色鲜明、观赏性强，有很高的科学和美学价值。有的国家还把某种兰花定为国花，如哥伦比亚的国花卡特兰等。

近代以来，通过培育形成的一些兰花珍品，被视为"绿色古董"并被兰花爱好者收藏。一些名贵的兰花作为活的艺术品进入流通市场，变为商品被兰贩们炒来炒去，有的增值、有的贬值，故又有人将名贵兰花比喻为"绿色股票"，此风经久未衰。当代仍有一些炒家热衷于兰花炒作，某些珍奇品种因繁育数量少，市场价格数万元甚至数百万元的均有，这种观念、风气完全有悖于兰花的传统文化精神，不利于兰花产业的健康发展，也背离兰花开发应用服务人们美好生活的价值宗旨，应当加以遏制并抛弃。

二

据西方学者研究，欧洲国家对兰花的认识，最早始于公元前4世纪，许多欧洲兰花的块茎与男性生殖器相似，因此，在欧洲古代，兰花常被当作春药使用。延

续至今的兰花学名 *orchis* 或 *orchid* 的意思是"睾丸"。但西方社会真正开始热衷兰花，始于 1500 年前后，与欧洲殖民者发现和征服南美洲有关，他们从南美洲带回的兰花果实，具有独特的香味，被作为香料带到欧洲。1730 年，大批兰花被从加勒比地区带到英国，兰花从英国开始风靡于欧洲社会。但由于对兰花的生长习性认识有限，加上异域气候环境条件的影响，起初人工繁育并不成功，很多兰花移植后死亡。经过博物学家、园艺师们的持续研究，适应当地环境的新杂交种开始进入社会。1856 年，英国园艺师约翰·多米尼培育出第一株杂交兰花。1862 年，《物种起源》作者、著名科学家查尔斯·达尔文发表《兰科植物的受精》一书，把兰花研究推向一个新的科学高度，影响至今。

在这一阶段，欧洲人对兰花的狂热与科学人文精神却格格不入。在获取兰花资源的道路上布满野蛮、血腥的味道。为了获得珍稀奇特的异域兰花，欧洲一些贵族、资本家等专门雇佣团队，到世界各地猎取兰花，"植物猎人"这一专业名词也应运而生。这些植物猎人的足迹遍布世界各地，走遍美洲、亚洲和非洲各地，荷兰人、英格兰人等成为猎取异域兰花的先驱。这些人把异国兰花作为战利品带回欧洲市场，获取高额利润，在社会上掀起拥有兰花者象征有钱、有地位的风尚，并把猎取野生兰花的过程，描述成一个个冒险和克服艰难险阻的故事，又刺激更多的人加入采挖野生兰花的行列中。为获取兰花，他们竞相竞争，经常发生对抗，出现世界文明史上极其丑陋的一面，兰花猎手们经常将他们遇到的兰花全部搬走，无法运回家的兰花则全部毁掉，这种令人发指的行为，对世界各地的野生兰花物种及其生境造成毁灭性影响。在欧洲的一些标本馆内，一直馆藏着从我国云南、四川等地采集的数十种野生兰花标本，根据标本记录，有的物种在我国原生境再也难以寻觅。

与我国古代传统兰花文化现象不同，西方一些文学作品中，对兰花的意象存在两种截然不同的表达。一种兰花意象与我国古人思想相近，从生长于荒野乡村的兰花身上，发现远离人类世界的天然之美。例如，亨利·大卫·梭罗说兰花"白皙雅致，像是林中仙子"。马塞尔·普鲁斯特在《斯万的一次爱情》中这样描述："这种泛着粉色的淡淡紫红和欧洲文学有一种精致高雅的联系，充满艺术的美感。这是一种兰花，卡特兰的颜色，这种兰花，经常用来装饰淑女的胸前，它装饰了斯万的求爱场面。"在另一类作家的文学意象中，兰花的"意义"则与自然的纯真无邪相去甚远，把兰花与人类的欲望和阴谋联系在一起。例如，萧伯纳用兰花描述"不正派的巴比伦人"。阿若德·贝内特用兰花象征活跃在社交场合里的交际花，称这些人"会变成另一种存在"，她们"发生了兰花化"。在艺术方面，从博物学家开始研究兰花绘制线描图，逐步形成一种植物科学画艺术，以兰花为主题的植物画色彩艳丽，叶子和花朵栩栩如生，好的植物画兼具艺术和科学双重价值，十分珍贵。

三

当代，随着人们生活水平和审美情趣的提高，以及科学技术的进步，人们对兰花的认识和应用需求，不再局限于某一特定领域，已经上升到一个新的高度，越来越关注兰花与人类生命健康的关系，进而从文学美学、人文哲学、自然科学以及医学药学等多个角度对兰花开展全方位研究，兰花与我们的生活越来越贴近。因此，人工繁育兰花产业发展前景十分广阔。

深圳的兰花市场始于二十世纪八九十年代，主要以转口贸易为主，此后虽有部分企业从事兰花人工栽培，由于受制于土地空间条件，一直没有形成具有一定规模的兰花产业。虽有一批养兰爱好者，但公众对兰花的认识还十分有限。还有很多人将名称带兰的花卉误认为是兰花，如君子兰、水晶兰等，它们在植物分类学意义上都不是兰花。因兰花种类多，使用历史很久的传统中药材天麻、白及等，也有很多人不知道它们也是兰花。

希望本书的出版，能够帮助人们认识兰花、走近兰花。

是为记。

陈建兵

2020 年 12 月